前沿管理论丛

Theory and Application of
E-waste Recycling Symbiotic Network

废弃电子产品资源化
共生网络的
理论与应用

葛新权　刘宇　曲立◎著

社会科学文献出版社
SOCIAL SCIENCES ACADEMIC PRESS (CHINA)

总　序

　　自管理科学诞生那天起，它的作用就是有目共睹的。随着科技进步与社会发展，社会活动与经济活动越来越复杂，管理科学面对的环境不断发生变化，出现了许多新的问题。从主观上讲，人们为了解决这些新的问题而不断地提出新的理论与方法，推动管理科学的发展；从客观上讲，管理科学本身是社会与经济结合的产物。因此，在不断地适应这种变化的环境、寻求解决新问题的方法的同时，管理科学自身也发生了变化，从而不断得到完善与发展。无疑，管理科学这种变化是有规律性的。由于社会与经济生活中要素的作用及其地位的变化，管理科学发展的规律首先体现在它所研究的核心内涵由物资（土地、设备、材料等）管理发展到资产管理，又由资产管理发展到知识管理。也就是说，在生产力水平比较低的物资管理中，物资起着决定性的作用而处于第一位；在生产力水平比较高的资产管理中，资产又取代物资而起着决定性的作用，从而成为第一要素；在生产力水平更高的知识管理中，知识又取代了资产而起着决定性的作用，从而成为第一要素。不难发现，无论在哪一阶段，知识在推动管理科学的发展中都起着重要作用。随着知识的含量及其作用增大，管理的重点由物资管理发展到资产管理；随着知识的含量及其作用进一步增大，管理的重点又由资产管理发展到知识管理。尤其是20世纪80~90年代以来，这种变化更为迅速。管理科学发生了质的飞跃，知识管理成为主流。新的管理思想、理念和方法如雨后春笋般不断涌现出来，诸如知识创新管理、人本管理、顾客满意度、供应链管理、物流管理、电子商务、技术创新管理、学习型组织、动态联盟、核心能力、企业（组织）文化等，它们丰富、完善、发展了管理理论，代表着管理科学最新的发展方向。最重要的是，它们解决了传统管理理论与方法所不能解决的新问题，管理科学的作用比以往任何一个时期都更加重要。正因为这一点，管理科学比以往任何一个时期发展得都快。

我国自1979年实行改革开放政策以来，先进的管理理论、思想与方法被引入我国各级组织、机构与企业中，发挥了积极的历史性作用。不可否认，我国有一大批企业的管理水平、质量与效果可以与发达国家著名公司（企业）相媲美。但从总体上讲，由于各种原因，如市场机制不健全、市场不规范等，大多数企业的管理水平是比较低的，管理科学的作用也是很有限的。也就是说，很多企业在管理上存在很多的漏洞。关税保护与地方保护更使一些企业甚至不进行必要的基础管理也能立足。也有一些企业，可以说是叶公好龙，它们认识到需要科学管理，但又不愿意下功夫进行科学管理，只是做些表面文章，将"管理"当成金字招牌。还有的企业倒是下了一些功夫实施科学管理，但由于政策不配套、制度与机制等环境不配套，推进的效果甚微。一些企业，包括一些国际著名公司，之所以失败，固然有很多的原因，但管理制度不健全，管理过程不规范，管理理念、管理技术与方法落后所决定的管理水平低下是一个共性的重要原因。一些原本发展很好的公司，在管理中出现了严重的问题，导致重大决策失误或良好的管理氛围消失继而失败，甚至一夜间垮掉。这种教训是极为惨痛的。因此，建立良性循环的管理氛围是至关重要的。因为任何一个组织都有自己的定位和发展目标，这种定位与发展目标是受其所拥有的资金、人才、技术约束的。但每一个组织能否实现它的定位与目标，并不完全取决于人才与技术等因素的"硬"约束，在很大程度上还取决于它的管理理念、管理技术、管理方法、管理水平等管理艺术的"软"约束。

2001 年 12 月 11 日，我国加入了世界贸易组织（WTO），企业被推到国际竞争的舞台上。过去那种关税庇护正逐步消亡，市场机制不健全、市场不规范的问题将较快得到解决，企业所面临的压力和挑战比以往任何一个时期都大得多。但企业也遇到了前所未有的发展机遇，关键是企业能否抓住机遇、能否迎接挑战、能否在激烈的竞争中立于不败之地。因此，管理水平与质量的高低是一个重要的因素。将来的竞争是人才的竞争，但在很大程度上也是管理水平的竞争。众所周知，管理水平是技术进步的内涵，仅有高科技人才、先进的技术设备与工艺而管理落后，照样会导致技术进步缓慢、技术进步贡献率低。也就是说，管理水平要与先进技术设备与工艺等其他因素匹配，否则就会影响技术进步。毫不夸张地说，在技术进步中，管理水平往往比先进技术设备与工艺的作用更大。因为只要有钱，就可以引进先进设备与工艺，但管理水平与机器设备不同，即使再有钱，也买不来管理水平的提高，这对于我国企业尤其如此。由于历史上闭关自守的原因，在物资管理，尤其是在资产管理方面，我国企业已经失去了很多机会。这是造成管理落后、管理水平低下的重要原因。落后的管理方式已经成为企业生存与发展的瓶颈，面对知识经济的冲击，这一形势更加严峻。我们不能轻描淡写，但也不要悲观失望。落后固然不利，但反过来说就是发展潜力大。只要认识清楚，目标明确，积极发挥制度优势，善于学习与借鉴，充分利用"后发优势"，在知识管理时代缩小差距，赶上甚至超过发达国家管理水平都是有希望的。因此，对我国企业来说，对管理科学的需求比对以往任何一个时期都更为重要。就目前来说，学习的任务很重。"干中学""学中干"应贯穿整个学习过程。

面对经济全球化、信息化、知识化，学习、消化、吸收与应用当代管理科学最新成果十分重要。因此，我国企业迫切需要最新的管理科学理论与方法。由叶茂林、林峰、葛新权主编的"前沿管理论丛"，从多个方面论述了管理科学发展的最新成果。它的出版非常及时，而且具有重要的现实意义。这套丛书的基本思路清晰，通过论述管理科学发展的最新成果来满足企业及个人学习的需要。在内容选择上，做到"有所为，有所不为"，不求全，而求新、求特色。丛书的每一本都是管理科学最新成果与作者研究成果的结合，因而具有较高的学术水平。在应用上，具有可操作性，对企业在知识经济时代开展科学管理有实际的指导意义。因此，它的出版必将推动我国管理科学研究与应用的发展。

可以肯定地说，在近20年内，管理科学将成为企业最迫切的需求，因而这一时期也是管理科学有史以来最好的发展时机。当然，这套丛书只是管理科学研究成果的冰山一角。管理科学的更大发展，还有待管理科学界和广大管理工作者今后的共同努力。

中国工程院院士

李京文

2005 年 3 月

序

可以讲，21世纪是管理科学的世纪。随着知识经济的发展，以及经济全球化、信息化和知识化的迅速提高，知识已经成为第一要素，它的作用越来越大，从而决定了对管理科学的需求也越来越大。由于管理环境的复杂多变，科学管理的难度也越来越大。这是管理科学发展的规律，因为在社会与经济还不发达时，技术的作用占统治地位，科学管理的作用就被掩盖起来，甚至可以被忽视而无妨大局；当社会与经济由不发达转向发达时，技术的作用固然仍占统治地位，但科学管理的作用不可忽视，越来越显现出其突出的地位。也就是说，如果管理水平上不去，先进技术的作用就不能被发挥出来。并且，技术越先进，对管理水平的要求就越高。可以预料，在21世纪的今天，管理科学将得到一个前所未有的大发展。不可否认，管理科学来自发达国家（这里指用于社会生活与经济生活的管理理论与方法，而意识形态领域中管理思想与理念当属中国），向发达国家学习是非常必要的。我们认为，我国管理科学的发展经历着引进、学习、消化、吸收、整合、创新几个阶段。首先，几年来管理科学学术著作和教材（原版）的引进是必要的；其次，经过学习、消化与吸收后的整合是创新的基础；最后，结合实际或解决实际问题的创新也是必需的。就目前我国的实际情况来看，已经到了整合与创新的接口处。基于此，2002年起出版了"管理科学发展论丛"丛书，包括《微观知识经济与管理》《知识管理理论与运作》《顾客满意度测评》《经济统计分析方法》《金融业务风险及其管理》《新公共管理及应用》《市场营销策略与应用》《企业信息化管理》《技术创新与管理》《现代广告策划与决策分析》10本专著。而"前沿管理论丛"正是它的延续，进一步反映了国内外目前管理科学发展的最新成果，无疑具有重要的理论意义和实践价值。

本套论丛的主编与作者都长期从事管理科学研究、教学和实际工作，已经取得了一些学术成果。为把握国际管理科学研究前沿及最新成果，推动我国管理科学的发展，满足企业及个人对管理科学的需要，在调查分析的基础上，经过反复酝酿与策划后，确定了这套"前沿管理论丛"的指导思想：它作为一套管理科学学术著作，力求反映国外最新的管理科学成果，为我所学，为我所用。

《废弃电子产品资源化共生网络的理论与应用》是"前沿管理论丛"这套丛书的第八本。这本专著的出版，作为抛砖引玉，将有助于废弃电子产品资源化研究的深入开展，对从事相关领域的理论研究人员、教学人员和企业实际工作者都具有参考价值，也适合作为经济学、会计学、管理学专业本科生和研究生的教学参考书。

葛新权

2008年6月

目 录

Contents

前　言

20 世纪 90 年代以来，废弃电子产品数量激增和回收管理失位，造成全球生态污染威胁和居民健康隐患，以及稀缺、贵重资源的严重流失。近年来，美国、韩国、日本及欧洲国家相继制定并实施了《关于报废电气电子设备指令》（WEEE 指令）、《关于在电气电子设备中限制使用某些有害物质指令》（RoHS 指令）、《耗能产品指令》（EuP 指令）等在电子产品中限制使用有毒有害物质的指令、法规、标准，来控制生态环境的污染。我国也开始制定并实施了《循环经济法》《废旧家电及电子产品回收处理管理条例》等相关法律，来加强对废弃电子产品回收处理行业的监管和控制。

国际上对废弃电子产品积极的处置方式是参与资源的再生利用，促进信息产业循环经济持续和谐发展。我国的《废弃家用电器与电子产品污染防治技术政策》实施近两年来，在回收电子垃圾方面起到了一定的推动作用，但仍没有从根本上改变我国目前以"小作坊"处理为主的状况，因此对环境造成的污染远远大于贡献。所以，要从根本上解决我国废弃电子产品处置方式，必须依法推动废弃电子产品回收利用企业逐步向集约化、规模化和产业化方向发展，形成稳定长效的协同机制。

废弃电子产品资源化共生网络是各类参与主体通过共生、协同或者竞争机制耦合而形成的复杂系统。废弃电子产品资源化共生网络的良性、稳定、长效运转是废弃电子产品无害化和资源化的基础，也是国家相关法规政策落实的保障。因此，如何保障废弃电子产品资源化共生网络的长效机制，最大限度地加强废弃电子产品有毒有害物质的无害化处理和资源提取，满足国内外的指令和法规的要求，已成为我国目前亟待解决的问题。

本书以废弃电子产品为研究对象，在废弃电子产品资源化共生网络现状和生成机理分析的基础上，分析了网络的运作及其逆向物流的运营模式，研究了废弃电子产品资源化共生网络的利益分配机制，提出了治理和相关政策建议。

本书撰写过程中，北京信息科技大学教师张健、孙静、田肇云等及研究生靳现凯、雷蕾、包聪颖等协助调研、整理资料和排版录入，做了大量工作，在此一并表示感谢！

本书得到国家自然科学基金项目（编号：70873005）、北京市哲学社会科学规划重大项目（编号：11ZDA04），以及北京市属高等学校人才强教深化计划"高层次人才计划"、北京市教委科技创新平台、北京市重点建设学科和北京市知识管理研究基地项目资助。

由于作者水平有限，本书错漏之处，恳请广大学者及其他读者朋友批评指正。

作　者

2012 年 11 月

第一章
绪论

第一节　研究背景

　　20 世纪 90 年代以来，我国电子产品产量和持有量快速增长，废弃电子产品数量激增、回收管理及资源化处理的失位造成全球生态污染威胁和居民健康隐患，以及稀缺、贵重资源的严重流失。国家统计局 2002～2009 年国民经济和社会发展统计公报显示，7 年间电视机的生产总量达到 5.31 亿台，电冰箱 2.25 亿台，空调 7.57 亿台，电脑 5.24 亿台。将每年的生产量绘制成折线图，在图中可明显看到除 2009 年空调机的产量略有下降之外，其余均呈逐年急剧增长的态势（见图 1-1）。

　　2001 年国家统计局年调查资料显示，当时我国电视机社会保有量约为 3.5 亿台，电冰箱约为 1.3 亿台，其中的一些电器大多是在 20 世纪 80 年代中后期进入家庭的，按正常的使用寿命 10～15 年计算，从 2003 年开始，我国将迎来家电更新换代的高

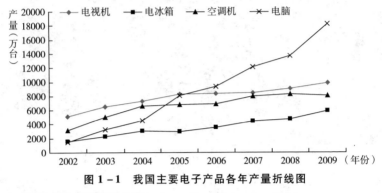

图 1-1 我国主要电子产品各年产量折线图

资料来源：国家统计局网站，http://www.stats.gov.cn/tjgb/。

峰期。而实际上，随着科技和经济的快速发展，电子产品的报废期限正在缩短，因此，我国废弃电子产品的数量将以每年 5% ~ 10% 的速度迅速增加。

除此之外，我国废弃电子产品的另一大来源是国外电子垃圾，特别是来自美国、日本、英国和欧盟国家的电子垃圾。美国的两个环保组织巴塞尔行动网络（BAN）和硅谷防止有毒物质联盟（SVTC）在 2002 年发表联合撰写的长篇调查报告《输出危害：流向亚洲的高科技垃圾》显示：美国国内收集的电子废物 50% ~ 80% 没有在本国回收处理，而是被迅速地装上货船运往亚洲，其中的 90% 被运到了中国。2008 年以后，我国每年需要处理的废旧电子产品高达 500 万吨，且增长速率超过 10%。

如若废弃电子产品处理不当，会对人体和环境造成巨大危害。废弃电子产品中含有大量的有毒有害物质，如废弃电子产品含铅、镉、汞、六价铬、聚合溴化联苯（PBB）、聚合溴化联苯乙醚（PBDE）等多种有毒有害材料。资料显示，每台电视机或电脑显示器中平均含有 4 ~ 8 盎司铅，电路板中也含有较多的铅，而铅一旦进入土壤会严重污染水源。铅会破坏人的消化、血液、生殖系统，它还有强烈的致畸作用，对儿童的脑发育造成极大的影响。一节用过的五号电池埋在土壤中，可使数平方米范围的土地在数年内寸草不生，并且对该块土壤的影响将持续半个世纪之久。

废弃电子产品中含有大量的铜、铝、铅、锌等有色金属和金、银等贵金属。电脑中金属的含量为 35% 左右，废弃线路板中仅铜的含量即高达 20%。另外，废弃电子产品还含有铝、铁等金属及微量的金、银、铂等贵金属。废弃电子产品中的塑料含量也很高，塑料熔化后可作为新产品的原材料或者被用作燃料，1 吨塑料能代替 1.3 吨煤。因而废弃电子产品具有比普通城市垃圾高得多的价值（见表 1 - 1）。

表 1 - 1 四种典型家电的材料构成比例

单位：%

材料	铁及铁合金	铜及铜合金	铝及铝合金	其他合金	塑料	玻璃	气体	印刷线路板	其他
电视机	9.70	1.50	0.30	1.40	16.10	62.40	0.00	8.10	0.50
电冰箱	49.00	3.40	1.10	1.10	43.30	0.00	1.10	0.30	0.70
洗衣机	55.70	2.90	1.40	0.50	34.70	0.00	0.00	1.50	3.30
空调器	45.90	18.50	8.60	1.50	17.50	0.00	2.00	3.10	2.90

资料来源：罗宇、陈亮、廖利、王松林：《我国废弃电子电器产品的回收体系研究》，《再生资源研究》2006 年第 1 期，第 31 ~ 34 页。

相对于从原矿中获得金属，从废弃电子产品中获得金属具有明显的优点。废弃电子产品被人们称为"城市矿山"，其开发成本远远低于矿山。以线路板中的黄金为例，1 吨电子板中可以提炼得到 80 克黄金,而普通含金矿石(沙)中每吨平均只能提取 2 克左右,而且要耗费大量的水和其他资源,对地理地貌将产生不可恢复影响(见表 1-2)。所以,利用完善的回收技术从废弃电子产品中回收资源,与从原矿中提取相比,具有成本低,效益高,对环境影响小等特点。

表 1-2　线路板中所含的物质成分及含量

成　分	含量（克/吨）	成　分	含量（%）	成　分	含量（%）
银	3300	铝	4.7	铜	26.8
金	80	铝（液态）	1.9	氟	0.094
钡	200	砷	<0.01	钛	3.4
铍	1.1	硫	0.1	铁	5.3
镓	35	铋	0.17	锰	0.47
硒	41	溴	0.54	钼	0.003
锶	10	二氧化硅	15	镍	0.47
碲	1	碳	9.6	锌	1.5
铯	55	镉	0.015	锑	1.5
碘	200	氯	1.74	锡	1
汞	1	铬	0.05		

资料来源:中国可再生能源协会。

　　资源短缺和环境污染是大多数国家经济快速发展过程中所遇到的难以逾越的瓶颈。然而,许多像废弃电子产品之类的资源就在我们身边,却因处置不当而造成资源的浪费和环境的污染。废弃电子产品就是隐藏在我们周围的一座座"城市矿山",如何更好地开发利用"城市矿山",建设资源节约型、环境友好型社会,已成为我们当今所面临的一个难题。我国人口众多,资源相对贫乏,生态环境脆弱,在资源存储量和环境承载力两个方面都已经不起传统经济形式下高强度的资源消耗和环境污染。因此，我们必须对这些废弃电子产品中的资源进行回收和利用。只有这样，我们才能对自然资源形成可持续发展的态势。

近年来，美国、韩国、日本及欧洲国家相继制定并实施了《关于报废电气电子设备指令》（WEEE 指令）、《关于在电气电子设备中限制使用某些有害物质指令》（RoHS 指令）、《耗能产品指令》（EuP 指令）等在电子产品中限制使用有毒有害物质的指令、法规、标准，来控制生态环境的污染，我国也开始制定并实施《循环经济法》《废旧家电及电子产品回收处理管理条例》等相关法律，来加强对废弃电子产品回收处理行业的监管和控制。

国际上对废弃电子产品积极的处置方式是参与资源的再生利用，促进信息产业循环经济持续和谐发展。我国的《废弃家用电器与电子产品污染防治技术政策》实施近两年来，在回收电子垃圾方面起到了一定的推动作用，但仍没有从根本上改变我国目前以"小作坊"处理为主的状况，对环境造成的污染远远大于贡献。因此，要从根本上解决我国废弃电子产品处置方式，必须依法推动废弃电子产品回收利用企业逐步向集约化、规模化和产业化方向发展，形成稳定长效的协同机制。

废弃电子产品资源化共生网络是各类参与主体通过共生、协同或者竞争机制耦合而形成的复杂系统。废弃电子产品资源化共生网络的良性、稳定、长效运转是废弃电子产品无害化处理和资源化再利用的基础，也是国家相关法规政策落实的保障。因此，如何保障废弃电子产品资源化共生网络的长效运转，最大限度地加强废弃电子产品中有毒有害物质的无害化处理和资源提取，满足国内外的指令和法规的要求，已成为我国目前亟待解决的问题。

第二节　研究对象及现状分析

随着科技的进步，电子产品在人们生活中的保有量与日俱增。电子产品在满足人们对生活品质需求的同时，废弃电子产品也引发了对环境的诸多危害。随着电子产品"淘汰高峰期"的到来和科技的进步，废弃电子产品对环境污染造成的隐患也日渐加剧。同时，废弃电子产品中含有大量的贵金属和各种可回收的资源，这些资源如果进行合理的回收和利用，也将是我们现今所面临的资源枯竭问题的出路。所以，如何回收和利用这部分资源，不仅是技术问题，更是一个社会道德和责任问题。

近年来，在废弃电子产品中，废旧电视机、电冰箱、空调机、洗衣机和电脑这"四机一脑"占了很大一部分市场份额，成为影响企业回收利用、环境污染和资源再生利用的主要因素。面对这些问题，本文以"四机一脑"为研究对象，旨在为废弃电子产品的回收利用提供一种具有经济效益、社会效益和环境效益的运营模式。

废弃电子产品（Waste Electrical and Electronic Equipment，WEEE）：指废弃或淘汰的电子电器设备及其零部件，是城市固体废弃物（Municipal Solid Waste，MSW）中的新兴类别，也称作"废弃电子电器设备""废旧电子电器产品""废弃电子产品""电子垃圾"等①。废旧电子电器设备主要包括生产过程中

---

① 国家环境保护总局令〔第 40 号〕，《电子废物污染环境防治管理办法》，第五章附则第二十五条。

产生的不合格及其零部件、维修过程中产生的报废品及废弃零部件、消费者使用后已失去原有使用功能或虽保留原有功能但需更新换代淘汰而废弃的各种电子电器设备及零部件等。废旧电子电器设备包括废电器（End of Life）和旧电器（End of Use）。废电器是指已经丧失原产品使用价值功能的电器，旧电器是指消费者消费后在产品生命周期内仍然保持原有产品使用价值功能的电器（王一宁，2007）。

共生网络（Symbiosis Network）：共生网络最早出现在生物学领域，指生物种群由于生存的需要，按照某种模式互相依存和相互作用地生活在一起，形成共同生存、协同进化的网络。共生网络后拓展到经济学、管理学等领域。其中，在经济学中一个典型的运用是生态工业园，园区的企业通过网络间物质、能源传递，知识、人力资源、技术资源的交换形成长期合作共生关系，从而实现环境效益和竞争效益（Bastiaan Zoeteman et al.，2010）。

逆向物流（Reverse Logistics）：逆向物流的概念最早是由Lambert和Stock于1981年提出的，当时他们只是把逆向物流简单地定义为与极大部分的货物流动方向是相反的一种物流方式。在1992年提交给美国物流管理协会的报告中，他们正式提出"逆向物流"这一概念，他们认为"逆向物流为一种包含了产品退回、物料替代、物品再利用、废弃物处理、维修和再制造6种物流活动"。20世纪90年代初，物流管理协会（The Council of Logistics Management）发布了对逆向物流第一个正式定义："逆向物流是指在循环利用、废弃物处置和危险物质管理方面的物流作用"（蔡小军、李双杰，2006）。

本书研究的主要内容是在我国废弃电子产品回收利用现状

的基础上，构建一种基于虚拟共生网络的废弃电子产品逆向物流的运营模式，并对支持这种模式有效运行的信息平台进行分析，梳理了其运营流程，对其运营机制进行了探讨，最后提出保障这种运营模式有效实施的对策。

本书主要是以"四机一脑"的产生、回收、资源化和销售的过程为重点，以废弃电子产品逆向物流运营模式的系统理论为指导，以构建基于虚拟共生网络的运营模式为手段，研究这些电子电器设备再生利用的理论、模型和方法。

目前，我国电子产品生产企业在采购物流、生产物流和销售物流方面都做出了有益的探索。但在废弃电子产品的逆向物流方面还有很大的完善空间，目前处于缺乏有效管理的状态之中。随着电子产品技术的改进、更新换代速度的加快和产品生命周期的缩短，目前我国已经进入了电子产品的报废高峰期，并且随着资源危机和发展循环经济的呼声越来越高，迫切需要发展废弃电子产品的逆向物流。

长期以来，我国废弃电子产品的回收利用完全是在经济利益驱动下自发进行的。目前，这些废弃电子产品的来源主要包括三类：一是来自消费品市场，包括个人和机构报废或更新换代而形成的废弃电子产品；二是来自制造商在生产过程中形成的报废元器件、边角料或残次品；三是来自洋垃圾进口，这主要集中于广东贵屿、浙江台州等沿海省市。

对于这些废弃电子产品，我国目前的回收形式主要有三种。首先，个体回收。小商小贩通过个体回收，以走街串巷的形式挨家挨户回收废弃电子产品。这种回收形式下的回收量在我国目前废弃电子产品回收总量中占有很大的份额，但是由于小商小贩的拆解水平低下，收购来的废旧电子电器一般有两个出路：改装后可以再使用的被卖到农村，这样的废旧电子电器既存在安全隐患，又会对家电市场造成冲击；无法再使用的，就将拆解出的玻璃、塑料、金属等材料卖到相关回收企业，其余的包含大量有害物质的部分最终会被当作普通垃圾填埋或焚烧。这种处理形式不仅对人体和环境造成了极大的破坏，也对重金属等资源造成了极大的浪费。其次，以旧换新。"以旧换新"政策是2009年5月在国务院领导推动下，相关部门共同研究推出来的一项政策。该政策通过采取财政补贴方式，使废旧家电通过"以旧换新"的方式进行回收。通过这一激励机制，可以进一步扩大内需，促进节能减排，发展循环经济。最后，供销社、物资回收公司回收。供销社、物资回收公司诞生于我国20世纪50年代，是集回收、加工、科研、管理为一体的行业体系，是我国最早开展废旧物资回收的部门，在计划经济时代一直担负着废弃电子产品回收再利用的任务。然而，随着市场经济的不断发展，大批个体经营者在废弃电子产品的回收方面更具优势，供销社、物资回收公司在回收行业的垄断地位面临瓦解。此外，传统的政府部门式的国有化管理使得其在运营管理上存在很多弊端，所以，在内部的交困与外部的冲击的双重打击下，供销社再生资源企业大面积亏损，许多公司已经举步维艰。我国废弃电子产品回收利用的流程见图1-2。

废弃电子产品回收利用的特点和问题如下。

1. 电子产品生产商缺位

现有电子产品逆向物流运营模式的运营主体是个体回收，新兴废弃物处理企业和传统的供销社、物资回收公司。而作为废弃电子产品回收利用的最大受益者——电子产品生产商，却

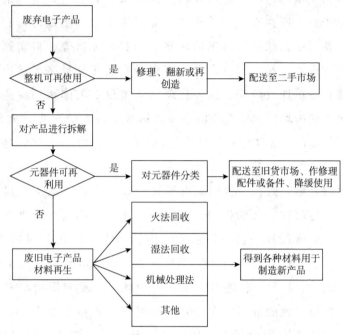

图1-2 我国废弃电子产品回收利用流程

处于缺位状态（王兆华、武春友，2002）。电子产品生产商目前仅处于逆向物流的次要环节，没有成为电子产品逆向物流的主要承担者。

2. 回收企业的短期行为

传统回收企业是一个以经济利益为中心的中间商，在电子产品的回收处理中必然以企业利润最大化为中心，片面追求企业短期利润，而忽视企业应承担的社会责任。它们随意处理缺乏经济价值的电子零部件，因此，不仅造成严重的环境污染，对人体的健康造成危害，而且还会对资源造成很大的浪费。另外，由于部分改装的旧电器流入二手市场，由于电子产品生产商的缺位，这部分产品也会引起二手电子产品质量难以保证的问题。

3. 逆向物流运营的高成本

逆向物流的社会性、复杂性等特点决定了影响其运营的影响因素多、难度大。商品退货回收和再处理成本具有很大的不确定性，返回产品的运输、储存和再加工成本都会随返回产品的不同情况而变化。另外，由于这种回收的成本高，我国部分新兴的废弃电子产品回收处理企业目前实际上面临着"无米下锅"的状态。也就是说，通过国家的资助和股东资金的投入，已经建立起了一定规模的机器设备。但是，由于废弃电子产品回收的成本高，使得其在逆向物流的运作方面无法与走街串巷的小商小贩竞争，回收不到足够的废弃电子产品。这样，企业的运作就无法形成规模效益，由此产生企业的亏损。

4. 资源化的技术问题

由于资源环境的进一步恶化，近年来废弃电子产品资源化的呼声越来越高，废弃电子产品资源化所需要的各种处理技术日益成为企业所面临的一个热点问题。此外，仅依靠简单的对废旧电器的拆解已无法给企业带来可观的经济效益，所以对企业而言，高附加值的材料资源化技术将成为废弃电子产品资源化发展的瓶颈。

第三节　研究意义

近年来，废弃电子产品的资源化已经成为经济、技术、环境和社会问题，引起舆论界、理论界、政府部门及有关企业的广泛重视。但由于目前国内对废弃电子产品的回收再生利用仍然处于起步阶段，从事废弃电子产品回收利用的企业仍然不多，并没有形成极具规模的产业。废弃电子产品对环境的危害和资源价值潜力还没有被人们广泛认识，在理论上也只是处于初步理论研究和实际应用探索的初级阶段。该自然科学基金项目研究以废弃电子产品为研究对象，在废弃电子产品的资源化潜力与污染形态特征评价的基础上，优化废弃电子产品资源化的共生网络拓展模型，并对网络内部利益分配机制进行深入的研究，从内部治理和外部政策两个方面保障网络的长效运转。本研究具有以下意义。

第一，本书主要研究重点在于不同地域的企业形成一个虚拟共生网络，从而更好地利用资源，保护环境。这在一定程度上完善了虚拟共生网络理论，对以后的研究有一定的借鉴作用。

第二，基于共生网络的废弃电子产品逆向物流运营模式强调了经济、环境、社会的协调发展，强调经济利益、环境利益、社会利益并重，并努力寻求三者利益最优化。强调在资源最大化利用的前提下，通过上下游企业的协调，能有效解决目前存在的环境、资源与经济发展的矛盾。

第三，通过对废弃电子产品进行定量与定性的研究，试图帮助政府、企业和社会重视废弃电子产品的危害，以及倡导对废弃电子产品的合理利用，引导人们认识其蕴涵的重要价值，树立循环经济和可持续发展的理念，从而实现人、资源和自然的和谐发展。

第四节　国内外研究综述

与本书相关的国内外研究主要有以下几个方面。

电子产品污染治理方面，消费类电子产品污染给全球生态环境造成了严重影响，引起世界范围的高度关注（张景波，2004；郑良楷等，2006；王勇等，2006）。电子信息产品污染管理的核心内容是有毒有害物质的控制（RoHS专题，2006），葛新权等（2007）构建了电子电器产品等6类消费类产品有毒有害物质预警分析系统，文献分析和实际调查表明，如何有效地加强消费类电子产品有毒有害物质管理，已经成为目前关注的焦点和亟待解决的问题（刘志峰、王淑旺，2007；刘妍、魏哲，2007）。

废弃电子产品回收方面，国外学者在电子产品回收方面的理论研究主要包含废弃电子产品回收、再生利用管理体系研究（Hicks et al.，2005；Sinha - Khetriwal and Kraeuchi，2005）、行业产品回收和处理运营模式研究（Stevels and Ram，1999）、废弃电子产品的逆向物流管理模式（Nagurney and Toyasaki，2005）、消费者废旧产品处理模式（Bartolomeo et al.，2003），以及废弃电子产品回收管理的环境影响评价体系、动力机制识别和管理绩效评价体系（Barba - Gutiérrez，2008；Poonam，2007；Kang，2006）等。目前，国内相关研究还缺乏完善的废弃电子产品回收体系与资源化和无害化处置体系，废弃电子产品的基础性研究工作还比较薄弱。相关研究主要集中在废弃电子产品处理现状分析（刘博洋，2007）；废弃电子产品保有量、报废量估算（刘小丽等，2005；金志英等，2006；张默、石磊，2007；宋旭、周世俊，2007），以及针对废弃电子产品处理过程环境影响评价（徐振发，2006）、生产者责任制度（刘冰、梅光军，2006）和废弃电子产品回收管理体系、逆向物流（刘铁柱，2006；夏云兰等，2007）等方面。

产业共生网络方面,产业共生(Industrial Symbiosis)的概念是借鉴自然生态系统的共生含义逐渐丰富而来的。迄今为止,对该领域的研究主要局限于生物学和环境学领域的范畴,而未得到管理学界的普遍关注。学术界对产业共生内涵的认识日益深化,以 Engberg(1993)为创始,从强调物质流交换(Lambert and Boons,2002),逐渐扩展到注重企业间的长期合作关系的产业共生网络的持续发展(Mirata and Emtairah,2005)。国内外学者运用交易费用理论(Coter and Smolenaars,1997;王兆华,2002)、环境伦理、企业环境责任(王虹等,2005;袁增伟,2007)、共生产业链(蔡小军,2006)、经济价值分析(李强,2006)等角度分析了促成产业共生网络形成的各种因素。钱书法、李辉(2006)分析了共生模式演进的原因,建立了模块化体制运行效率的数量分析模型。董博、夏训峰(2007)分析了自主实体共生和复合实体共生两种模式的优缺点、共性和差异。国内外学者还研究了共生网络运作中存在的投机行为(吴志军,2006)、共生网络的稳定性(徐立中、秦荪涛,2007)、环境效益和经济效益的平衡策略的制定(Donald,2007;J. 凯瑞高斯·福罗特·尼托、G. 沃斯,2007)、地区或行业共生网络体系的构建(罗哲,2006)等方面。

逆向物流运营模式(王灵梅,2004)方面,Bert Bras 等和 Daniel 从产品、过程和组织三方面对再制造条件下逆向物流模式设计的研究状况进行了详细回顾和综述(孙颖,2006;蔡晓明,2000),为进一步深入研究逆向物流再制造设计问题提供了系统而全面的帮助。A. J. Spicer 等阐述了在 EPR 下三种回收方式:OEM 回收方式、联合回收方式和第三方回收方式

（金涌等，2003）。对第三方回收的工作情况、特点和成本进行了论述，讨论了第三方的回收规则。国内学者魏洁、李军分析了生产商延伸责任（EPR）约束下的逆向物流三种回收模式：生产商负责回收（OEMT）、生产商联合体负责回收（PROT）和第三方负责回收（TPT）（王兆华等，2002）。王发鸿、达庆利从生产商的决策出发，分析了社会或国家投资建设、行业联盟建设和生产商自建回收处理系统等三种回收处理模式的决策模型及其最优决策的基本性质（王虹、叶逊，2005）。徐剑通过介绍国际上广泛使用的三种逆向物流模式：逆向物流的自营方式、逆向物流的联合经营方式和逆向物流的外包方式，提出了选择逆向物流模式时的一个决策方式（王兆华、武春友，2002）。吕庆华、杨永超针对传统逆向物流运营模式存在的问题和弊端，提出了电子产品逆向物流运营新模式和支撑体系（王兆华、尹建华，2005）。许民利在深入分析我国废旧家电产品逆向物流的特点后，提出了第三方专业逆向物流机构参与的系统模型（袁增伟，2007），通过建立数学模型和实例验证对不同回收模式下的最优零售价和生产商利润进行了具体的分析研究，为生产企业选择合适的逆向物流回收模式提供了理论依据。孙绍林针对电子产品的消费量逐年增加，报废的电子产品相应猛增的问题，对企业自建逆向物流、企业联合经营逆向物流和外包经营逆向物流三种运营模式进行了分析和探讨（Engberg，1993）。周峰、彭小东针对电子产业中的逆向物流问题，结合该行业特点，研究了逆向物流再循环的基本流程及电子产品行业中广泛使用的建立独立逆向物流系统的运作模式、合作建立联合逆向物流系统的运作模式和第三方建立逆向物流系统的运作模式，并对这三种逆向物流运作模式进行了整体分析比较（刘平等，2010）。

在废弃电子产品逆向物流运营模式方面，国内外专家学者对于企业自营模式、电子产品逆向物流的联合经营模式和电子产品逆向物流的外包模式的比较分析和适用情况都作了深入的探讨，并在政策支持和对于废弃电子产品逆向物流回收的影响因素方面也作了相关探讨，其研究视角集中于电子产品的处理技术。从逆向物流角度研究电子产品回收处理的学者，其研究着力点在于梳理和普及逆向物流概念及产生原因。通过对国内外文献的查阅和研究发现，对于废弃电子产品逆向物流的研究国外起步较早，国内对其研究则处于起步阶段，而且国内对这方面的研究偏重于理论研究和建模等方向。在废弃电子产品逆向物流运营模式方面，主要涉及三种运营模式，这三种运营模式的适用范围和限制条件在理论上已经有了充分的论述。每种运营模式都有其适用范围，不存在一种万能的模式适用于所有的情况。

在逆向物流信息平台方面，Neil Ferguson 和 Jim Browne 研究了逆向物流中信息的流动问题，并提出开发决策支持系统以支持 EOL 产品的回收（张科静、魏珊珊，2009）。Balram Avittathur 和 Janat Shah 认为应该把 IT 技术作为构建有效型逆向供应链的使能器（赖静，2004）。严维红等对多 Agent 的逆向物流信息系统进行了研究，建立了一种基于多 Agent 的逆向物流信息系统模型，并对该系统的工作机制做了相关阐述（严维红、孙燕、张琰，2006）。庹秀兵提出了基于 PDM 的回收产品数据管理和基于 CRM 的回收产品客户管理模型，给出了在此模型下逆向供应链的产品回收管理的实现方法，实现了产品回收与产品研发和产品销售的信息集成（李博洋，2010）。许志端根据产品电子代码系统和多代理的信息系统架构建立了第三方废弃电子产品回收信息共享平台模型，在提高电子废旧品回收效率和反馈各种产品回收信息方面大大改善了产品的设计和制造流程（张健等，2009）。朱海波等对基于电子商务的第三方逆向物流信息系统进行了相关研究，分析第三方物流的组成要素，并提出了信息系统的网络结构设计和功能设计及实现方案（刘昕光，2008）。

对于逆向物流信息平台的研究，各专家学者主要的着力点在于信息平台的开发语言、功能模块设计及安全性等技术层面上，对信息平台构建的技术性问题进行了详尽细致的阐述，并在逆向物流中应用信息平台的重大意义方面也做了相关研究，而逆向物流信息平台在共生网络中的应用方面仍有进一步研究的空间。在专家学者研究的基础之上，将逆向物流的信息平台与虚拟共生网络相结合，将不同地域上的相关企业通过信息平台相联系，在废弃电子产品的回收利用方面可以有效解决企业回收困难及成本高的问题。并且基于虚拟共生网络的特点对信息平台的构建主体、需求以及功能模块等方面进行了阐述，以期在废弃电子产品资源化方面具有理论参考意义。

综合国内外研究现状与分析，前人已经在废弃电子产品回收及产业安全保障体系建设等相关领域做了大量的工作，积累了大量方法与实践经验，这些研究都对本书研究颇有启发。①废弃电子产品管理的核心内容是无害化和资源化管理，国内外相关法规、标准、指令的限制主要集中在对有毒有害物质的控制，国内学者在废弃电子产品资源化评价方面做了部分工作，对废弃电子产品资源化潜力和污染形态方面的研究较少；②尽管大多数学者都意识到了废弃电子产品回收处理安全体系建设的重要性，并分别从不同方面进行研究，但仍没能够从共生网络体系构建出发，将整个废弃电子产品处理体系作为一个动态演化的系统分析参与者间利益分配和协同关系；③系统地提出废旧电器电子产品管理的体系建设、产业化发展模式、社会监管和法规制度等理论、方法和建议，以合理指导废旧电器电子产品资源化建设，仍是国内研究者的紧迫任务；④国内外相关学者在废弃电子产品的回收利用逆向物流方面，做了有益的探索，但对于如何构建一种基于虚拟共生网络的废旧电子产品逆向物流的运营模式，以及支撑、支持这种模式的信息平台建设，尚未提出有效途径。

第五节　主要研究内容和创新点

本书有关废弃电子产品资源化共生网络的研究主要建立在对国内外研究资料的整理基础之上，结合工业生态学、循环经济理论、清洁生产理论、工业共生理论等相关理论，遵循规范研究和实证分析结合、宏观研究与微观研究结合、定量研究和定性分析结合的原则，分别对废弃电子产品资源化共生网络进行理论研究、实证研究、模型研究、动态化比较研究。通过对北京、天津、青岛、广州、武汉等相关废旧电器电子产品回收拆解处理示范基地和企业开展实地调研，搜集一手资料，进行数据准备。同时参加了第三届中国国际电子电器回收及处理技术大会、第二届中国电子电器绿色设计及制造研讨会、"全球和区域电器废弃电子产品可持续解决方案"中美论坛等相关会议，深入地对有关国内外废弃电子产品资源化共生网络发展模式进行探索，部分资料来源于笔者的实地考察和访谈，以及相关研讨会的记录和资料，并与媒体公开发表的二手资料相印证。

在对废弃电子产品的资源化潜力与污染形态特征评价的基础上，本书结合工业生态学、循环经济理论、清洁生产理论、工业共生理论等相关理论，对废弃电子产品资源化共生网络进行研究，对废弃电子产品资源化共生网络的生成机理、共生网络的运作管理、运营风险分析、治理对策等进行研究，从内部治理和外部环境两个方面保障网络的长效运转。然后从废弃电子产品逆向物流的相关基本概念出发，对废弃电子产品的产生机理和研究意义进行分析，提出了一种基于虚拟共生网络的废弃电子产品逆向物流的运营模式。通过构建基于虚拟共生网络的废弃电子产品逆向物流信息平台，协调企业间对废弃电子产品的回收处理过程，帮助废弃电子产品回收处理企业通过互联网实现信息共享。在此基础上分析了基于虚拟共生网络的废弃电子产品逆向物流的运营流程，通过对整个虚拟共生网络进行流程重组和优化，可以提高成员企业的柔性化运作，使其能够更好地将自身融合到虚拟共生网络之中。最后通过对基于虚拟共生网络的废弃电子产品逆向物流的运营机制的研究，进一步探讨虚拟共生网络中的管理主体，成员企业间的合作形式和成员间的利益分配机制。

本书采用规范研究和实证分析相结合、宏观研究与微观研究相结合、定量研究和定性分析相结合的研究方法，研究视角独特，研究范畴与我国社会经济发展的实际问题结合紧密。本书最后还提出了废弃电子产品资源化共生网络治理的相关对策，更科学地指导废弃电子产品资源化共生网络的构建和发展。

（1）基于生态产业链和价值链方法，研究废弃电子产品资源化行业参与主体的行为特征，构建并优化废弃电子产品资源化共生网络模型，保证了该网络参与主体的独立性和该网络的科学性。

（2）从废弃电子产品资源化共生网络的生成机理、网络模式、稳定性、运营风险等方面入手，分析了废弃电子产品资源化共生网络整体的结构治理及成员企业间的关系治理问题，保证机制研究的合理性和先进性。

（3）在以往学者研究的基础之上，提出了基于虚拟共生网络的废弃电子产品逆向物流的运营模式。通过虚拟共生网络的构建和实施，废弃电子产品回收处理企业将不再面临具有社会效益和环境效益，但没有经济效益的问题。废弃电子产品回收企业通过加入虚拟共生网络，不仅可以实现资源的合理回收利用，污染的零排放，还能具有客观的经济收益。

（4）构建了基于虚拟共生网络的废弃电子产品逆向物流的信息平台，帮助废弃电子产品回收处理企业通过互联网实现信息共享，优化网络中各成员企业的资源配置和相关业务流程。这不仅能够提高资源的利用效率，并且能够提高企业的经济效益。

（5）分析了基于虚拟共生网络的废弃电子产品逆向物流的运营流程，通过对整个虚拟共生网络进行流程的重组和优化，可以提高成员企业的柔性化运作，使其能够更好地将自身融合到虚拟共生网络之中。

第六节 本章小结

本章对废弃电子产品逆向物流问题的研究背景和意义进行了分析；对国内外有关废弃电子产品逆向物流运营模式的研究现状进行了归纳和总结，指出了研究成果和有待解决的问题；阐明了本书的研究内容和创新点。

第二章
理论基础及研究方法

　　理论是进行科学研究的基础，只有在必要的理论支持之下，才能得出符合问题需要的结论。对废弃电子产品资源化共生网络体系的研究需要以生态学、环境科学、信息科学、绿色技术、系统工程学等为主要学科基础，以循环经济、清洁生产、关键种群、工业共生、网络组织等为主要理论方法，并将这些学科基础与理论方法应用到废弃电子产品资源化共生网络构建的模式探索、链条设计、运作模式、政策制定等方面，使得该共生网络体系更具科学性和实用性。

第一节　理论基础

一　生态学

　　生态学是研究生物与其环境之间的相互关系的科学。生态学理论将自然生态系统的基本原则概括为"循环性、多样性、地域性、渐变性"。循环性强调自然生态系统通过食物链、食物网实现物质循环利用、能量层叠利用；多样性强调多样性的生境、生物群落和生态过程；地域性强调自然生态系统具有地方特性和地方依赖性；渐变性强调自然生态系统利用太阳能随着

时间、季节缓慢进化（王灵梅，2004）。废弃电子产品资源化共
生网络可遵循生态学中的"循环性、多样性、地域性、渐变性"
等基本原则，形成废弃电子产品资源化产业发展的循环性产业
链条、多样性企业群落、地域性特色行业和渐变性可持续发展
（王灵梅，2004）。

生物的生存、活动、繁殖需要一定的空间、物质与能量。
生物在长期进化过程中，逐渐形成对周围环境中某些物理条件
和化学条件，如空气、光照、水分、热量和无机盐类等的特殊
需要。各种生物所需要的物质、能量及它们所适应的理化条件
是不同的，这种特性称为物种的生态特性。

任何生物的生存都不是孤立的，同种个体之间有互助也有
竞争，植物、动物、微生物之间也存在复杂的相生相克关系。
人类为满足自身的需要，不断改造环境，环境反过来又影响
人类。

随着人类活动范围的扩大与多样化，人类与环境的关系问
题越来越突出。因此，近代生态学研究的范围，除生物个体、
种群和生物群落外，已扩大到包括人类社会在内的多种类型生
态系统的复合系统。人类面临的人口、资源、环境等几大问题
都是生态学的研究内容。应当指出，由于人口的快速增长和人
类活动干扰对环境与资源造成的极大压力，人类迫切需要掌握
生态学理论来调整人与自然、资源及环境的关系，协调社会经
济发展和生态环境的关系，促进可持续发展。

美国科学家小米勒总结出的生态学三定律如下。生态学第
一定律：我们的任何行动都不是孤立的，对自然界的任何侵犯
都具有无数的效应，其中许多是不可预料的。这一定律是 G. 哈
定（G. Hardin）提出的，可称为多效应原理。生态学第二定律：

每一事物无不与其他事物相互联系和相互交融。此定律又称相互联系原理。生态学第三定律：我们所生产的任何物质均不应对地球上自然的生物地球化学循环有任何干扰。此定律可称为勿干扰原理。

生态学大致可从种群、群落、生态系统和人与环境的关系四方面说明。

种群的自然调节。在环境无明显变化的条件下，种群数量有保持稳定的趋势。一个种群所栖环境的空间和资源是有限的，只能承载一定数量的生物，当承载量接近饱和时，如果种群数量（密度）再增加，增长率则会下降甚至出现负值，使种群数量减少；而当种群数量（密度）减少到一定限度时，增长率会再度上升，最终使种群数量达到该环境允许的稳定水平。对种群自然调节规律的研究可以指导生产实践。例如，制订合理的渔业捕捞量和林业采伐量，可保证在不伤及生物资源再生能力的前提下取得最佳产量。

物种间的相互依赖和相互制约。一个生物群落中的任何物种都与其他物种存在着相互依赖和相互制约的关系。常见的是以下三种。①食物链。在食物链中，居于相邻环节的两物种的数量比例有保持相对稳定的趋势。如捕食者的生存依赖于被捕食者，其数量也受被捕食者的制约，而被捕食者的生存和数量也同样受捕食者的制约。两者间的数量保持相对稳定。②竞争。物种间常因利用同一资源而发生竞争：如植物间争光、争空间、争水、争土壤养分，动物间争食物、争栖居地等。在长期进化中，竞争促进了物种的生态特性的分化，结果使竞争关系得到缓和，并使生物群落产生出一定的结构（空间结构和时间结构，空间结构又分为水平结构和垂直结构）。例如，森林中既有高大喜阳的乔木，又有矮小耐阴的灌木，各得其所。林中动物或有昼出夜出之分，或有食性差异，互不相扰。③互利共生。如地衣中菌藻相依为生，大型草食动物依赖胃肠道中寄生的微生物帮助消化，以及蚁和蚜虫的共生关系等，都表现了物种间相互依赖的关系。以上几种关系使生物群落表现出复杂而稳定的结构，即生态平衡。生态平衡的破坏可能导致某种生物资源的永久性丧失。

物质的循环再生。生态系统的代谢功能就是保持生命所需的物质不断地循环再生。阳光提供的能量驱动着物质在生态系统中不停地循环流动，这个过程既包括环境中的物质循环、生物间的营养传递和生物与环境间的物质交换，也包括生命物质的合成与分解等物质形式的转换。物质循环的正常运行要求一定的生态系统结构。随着生物的进化和扩散，环境中大量无机物质被合成为生命物质，形成了广袤的森林、草原及生息其中的飞禽走兽。一般来说，发展中的生物群落的物质代谢是进多出少，而当群落成熟后，代谢趋于平衡，进出大致相当。人们在改造自然的过程中须注意物质代谢的规律。一方面，在生产中只能因势利导，合理开发生物资源，而不可只顾一时，竭泽而渔。目前，世界上已有大面积农田因肥力减退又未得到及时补偿而减产。另一方面，还应控制环境污染。由于大量有毒的工业废物进入环境，超出了生态系统和生物圈的降解和自净能力，因而造成毒物积累，损害了人类与其他生物的生活环境。

生物与环境的相互作用。生物进化就是生物与环境相互作用的产物。生物在生活过程中不断地由环境输入并向其输出物质，而被生物改变的物质环境又反过来影响或选择生物，二者总是朝着相互适应的协同方向发展，即通常所说的正常的自然演替。随着人类活动领域的扩展，对环境的影响也越加明显。在改造自然的活动中，人类自觉或不自觉地做了不少违背自然规律的事，损害了自身利益。如对某些自然资源的长期滥伐、滥捕、滥采造成资源短缺和枯竭，从而不能满足人类自身需要，大量的工业污染直接危害人类自身健康等，这些都是人与环境相互作用的结果，是大自然遭到破坏后所产生的一种反作用。

1987年，世界环境与发展委员会提出"满足当代人的需要，又不对后代满足其发展需要的能力构成威胁的发展"。可持续发展观念协调社会与人的发展之间的关系，包括生态环境、经济、社会的可持续发展，但最根本的是生态环境的可持续发展。

事实上，造成当代世界面临的空前严重的生态危机的重要原因就是以往人类对自然的错误认识。工业文明以来，人类凭借自认为先进的"高科技"试图主宰、征服自然，这种严重错误的观念和行为虽然带来了经济的飞跃，但造成的环境问题却是不可弥补的。人类是生物界中的一分子，因此必须与自然界和谐共生，共同发展。

大量而随意地破坏环境、消耗资源的发展道路是一种对后代和其他生物不负责任和不道德的发展模式。新型的生态伦理道德观应该是发展经济的同时还要考虑人类行为不仅有利于当代人类生存发展，还要为后代留下足够的发展空间。

在计算经济生产中，不应认为自然资源是没有价值或者无限的，而应用生态价值观念考虑经济发展对环境的破坏影响，利用科技的进步将破坏减少到最大程度，同时倡导有利于物质良性循环的消费方式，即适可而止、持续、健康的消费观。

二　环境科学

环境科学是一门研究人类社会发展活动与环境演化规律之间相互作用关系，寻求人类社会与环境协同演化、持续发展途径与方法的科学。它在宏观上研究人类同环境之间的相互促进、相互制约的对立统一关系，揭示社会经济发展和环境保护协调发展的基本规律。在微观上研究环境中的物质，尤其是人类排放污染物的分子、原子等微小颗粒在环境中和生物有机体内迁移、转化和积蓄的过程及其运动规律，探讨它们对生命的影响及作用机理（孙颖，2006）。环境科学对废弃电子产品资源化共生网络的构建所起到的作用主要体现在：①保持人类生产和消费系统中物质、能量与环境输入输出之间的相对平衡，以保障资源的永续利用，避免造成环境污染；②研究区域环境污染综合防治的技术和管理措施，运用多种工程技术措施和管理手段，从区域环境的整体出发，调节并控制人类与环境之间的相互关系，寻找解决环境问题的最优方案；③开展积极有效的环境教育，推进废弃电子产品资源化产业的发展（孙颖，2006）。

环境是相对于中心事物而言的，与某一中心事物有关的周围事物就是这个事物的环境。环境科学研究的环境是以人类为主体的外部世界，即人类赖以生存和发展的物质条件的综合体，包括自然环境和社会环境。自然环境是直接或间接影响人类的一切自然形成的物质及其能量的总体。现在的地球表层大部分受过人类的干预，原生的自然环境已经不多了。环境科学所研究的社会环境是人类在自然环境的基础上，通过长期有意识的社会劳动所创造的人工环境。它是人类物质文明和精神文明发展的标志，并随着人类社会的发展而不断丰富和演变。环境具有多种层次和多种结构，可以做各种不同的划分：按照环境要素，可分为大气、水、土壤、生物等环境；按照人类活动范围，可分为车间、厂矿、村落、城市、区域、全球、宇宙等环境。环境科学是把环境作为一个整体进行综合研究的。

地球表面有四个圈层，即气圈、水圈、土壤－岩石圈及在这三个圈交会处适宜于生物生存的生物圈（有的学者将土壤－岩石圈分为土壤圈和岩石圈；有的学者将人类从生物圈中划出，另立智能圈）。这四个圈主要在太阳能的作用下进行物质循环和能量流动。在这种情况下，自然界呈现出万物竞新、生生不息的景象。人类只是地球环境演变到一定阶段的产物。人体组织的组成元素及其含量在一定程度上同地壳的元素及其丰度之间具有相关关系，表明人是环境的产物。人类出现后，通过生产和消费活动，从自然界获取生存资源，然后又将经过改造和使用的自然物和各种废弃物还给自然界，从而参与了自然界的物质循环和能量流动过程，不断地改变着地球环境。人类在改造环境的过程中，地球环境仍以固有的规律运动着，不断地反作用于人类，因此常常产生环境问题。

三　信息科学

信息科学是一门以信息为研究对象，以计算机等技术为主要研究工具，主要研究信息的本质、运动规律及其应用方法等，以扩展人类信息功能为主要目标的新兴的综合性学科。信息科学对废弃电子产品资源化共生网络的构建及发展所起到的作用主要体现在：①信息是废弃电子产品资源化利用企业生存和发展的要素，其正常运作必须首先了解周边的自然条件和资源优势，掌握市场运作的规律和供求关系，并及时获得环境与市场的信息；②技术信息对电子电器产业的技术升级有着重要的促进作用，也因此会带动废弃电子产品资源化产业的发展；③信息技术提供了革命性的沟通方式，促进多元主体信息沟通的共享性、远程性、交互性和及时性，为废弃电子产品资源化产业的"产、学、研"结合提供了崭新的方式（孙颖，2006）。

信息是21世纪的支柱，信息将取代物质和能量成为创造财富的重要来源。信息科学与技术和信息紧密相连、密不可分。一方面，信息科学与技术为信息产业提供源源不断的技术支持，是信息产业的灵魂，它使得信息产业不断地出现新产品以满足人们的越来越多的需要，这样信息产业就能够得到飞速的发展，支柱产业的地位也越来越巩固。另一方面，信息产业为信息科学与技术的研究和开发提供大量的资金支持，信息科学与技术的研究力量和研究动力得到加强。也正是看到了这一点，世界各国政府都大力发展和研究自己的信息科学与技术，为将来信息产业的发展和竞争打下坚实的基础。

扩展人类的信息器官功能，提高人类对信息的接收和处理的能力，实质上就是扩展和增强人们认识世界和改造世界的能力。这既是信息科学的出发点，也是它的最终归宿。信息技术包括通信技术、计算机技术、多媒体技术、自动控制技术、视频技术、遥感技术等。通信技术是现代信息技术的一个重要组成部分。通信技术的数字化、宽带化、高速化和智能化是现代通信技术的发展趋势。计算机技术是信息技术的另一个重要组成部分。计算机从其诞生起就不停地为人们处理着大量的信息，而且随着计算机的不断发展，其处理信息的能力也在不断地加强。现在，计算机已经渗入到人们的社会生活的每一方面。计算机将朝着并行处理的方向发展。现代信息技术一刻也离不开计算机技术。多媒体技术是 20 世纪 80 年代才兴起的一门技术，它把文字、数据、图形、语言等信息通过计算机综合处理，使人们得到更完善、更直观的综合信息，在未来多媒体技术中将扮演非常重要的角色。信息技术处理的很大一部分是图像和文字，因而视频技术也是信息技术的一个研究热点。

信息科学与技术的发展不仅促进了信息产业的发展，而且大大地提高了生产效率。事实已经证明信息科学与技术的广泛应用是经济发展的巨大动力，因此，各国的信息技术的竞争也非常激烈，都在争夺信息技术的制高点。

四　系统工程学

系统工程学以复杂的系统为研究对象，是一门用科学方法解决复杂问题的技术。它将注意力集中在分析和设计与其部分截然不同的整体。它坚持全面看问题，考虑所有的侧面和一切可变因素，并且把问题的社会因素与技术因素联系起来。应用系统工程方法的主要步骤有：对系统提出要求；根据要求设计系统，评价设计方案；修改要求，再设计。如此反复筹划，经过若干循环，求得最佳方案，即最后综合成一个技术上合理、经济上合算、研制周期短、能协调运转的工程系统。因此，系统工程学的基本观点可概括为思想方法的整体化、资源（技术、知识、物质）利用的综合化和管理的科学化。该学科的理论和方法可以用来指导实现废弃电子产品资源化共生网络的系统集成，通过系统地考虑区域系统的物质流、能量流和信息流，建立高效低污染的废弃电子产品资源化共生产业园区（孙颖，2006）。

系统工程学通过人和计算机的配合，既能充分发挥人的理解、分析、推理、评价、创造等能力的优势，又能利用计算机高速计算和跟踪能力，以此来实验和剖析系统，从而获得丰富的信息，为选择最优的或次优的系统方案提供有力工具。

系统工程学研究的对象是复杂的系统。除了一般大系统所具有的结构复杂、因素众多、系统行为有时滞现象，以及系统内部诸参数随时间而变化等特征外，系统工程学认为复杂系统还有一些其他特征，比如：系统都是高阶次、多回路、非线性的信息反馈系统；系统的行为具有"反直观"性，即其行为方式往往与多数人们所预期的结果相反；系统内部诸反馈回路中存在一些主要回路；系统的非线性多次反馈以后，呈现对外部扰动反应迟钝的倾向，对系统参数变化不敏感。

从系统方法论来说，系统工程学是结构方法、功能方法和历史方法的统一。它有一套独特的解决复杂系统问题的工具和技巧，如双向因果环、反馈、流位和速率等概念。系统工程学模型能容纳大量的变量，一般可达数千个以上；它是一种结构模型，通过它可以充分认识系统结构，并以此来把握系统的行为，而不只是依赖数据来研究系统行为；它是实际系统的实验室，系统工程学通过人和计算机的配合，既能充分发挥人的理解、分析、推理、评价、创造等能力的优势，又能利用计算机高速计算和跟踪能力，以此来实验和剖析系统，从而获得丰富的信息，为选择最优的或次优的系统方案提供有力工具。

系统动力学模型主要是通过仿真实验进行分析计算，主要计算结果都是未来一定时期内各种变量随时间而变化的曲线。也就是说，该模型能处理高阶次、非线性、多重反馈的复杂时变系统（如社会经济系统）的相关问题。

第二节 研究方法

一 循环经济理论

循环经济是物质闭环流动型经济的简称，它要求按照自然生态系统的循环模式，将经济活动高效有序地组织成一个"资源利用－绿色工业－资源再生"的封闭型物质能量循环的反馈式流程，保持经济生产的低消耗、高质量、低废弃，从而将经济活动对自然环境的不利影响降到最低程度。因此，建立废弃电子产品资源化利用的循环经济模型，不仅可以给企业带来显著的经济效益，也具有极大的社会生态效益。

图2－1中，对于电子电器产品生产企业来说，在生产过程中要最大限度地利用物质和能量；对于消费者来说，在使用过程中应追求实用的产品功能，杜绝奢侈浪费的消费风气；对废弃电子产品回收和处理企业来说，电子电器产品报废之后需要对其进行有效回收和资源化利用，对极少量无法再使用、资源

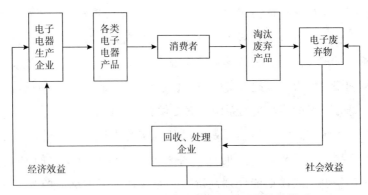

图2－1 废弃电子产品资源化循环经济简单模型

化的废物进行安全填埋或焚烧等专业化处理。从生产企业、消费者、回收处理企业等层次的有序发展到整个废弃电子产品资源化共生网络的提升，均要始终贯彻循环经济的基本思想，使最终产生的废物逐渐趋零化，经济生产、环境保护与社会发展逐渐协调化、可持续化。

废旧电子产品已成为城市垃圾的重要组成部分，"电子垃圾"正成为全世界增长最快、最具潜在危险性的废弃物。国家统计局城调总局的调查资料显示，目前我国电视机社会保有量约为 3.5 亿台，洗衣机约为 1.7 亿台，电冰箱约为 1.3 亿台。这些电器大多是在 20 世纪 80 年代中后期进入家庭的，按正常的使用寿命 10 ~ 15 年计算，从 2003 年开始，我国将迎来一个家电更新换代的高峰。进入更新期的电视机平均每年高达 500 万台以上，洗衣机平均每年约 500 万台，电冰箱每年约 400 万台，每年将淘汰约 1500 万台废旧家电。

废旧电子产品中含有许多有色金属、黑色金属、塑料、橡胶、玻璃等可供回收的有用资源。废旧电器中还含有相当数量的金、银、铜、锡、铬、铂、钯等金属。美国环保局确认，用从废家电中回收的废钢代替通过采矿、运输、冶炼得到的新钢材，可减少 97% 的矿废物，减少 86% 的空气污染，减少 76% 的水污染，减少 40% 的用水量，节约 90% 的原材料，节约 74% 的能源，而且废钢材与新钢材的性能基本相同。目前我国在资源再生利用方面的主要障碍是缺少有效的组织，未形成产业规模，缺少技术研发。我国在废物的再回收、再利用、再循环方面存在较大的潜力，大力发展资源再生产业（第四产业/静脉产业），尽快出台相关政策，形成产业规模，会较大程度地缓解我国资源紧缺、浪费巨大、污染严重的矛盾。

循环经济"减量化、再利用、再循环"——"3R"原则的重要性不是并列的,它们的排列是有科学顺序的。"减量化"属于输入端,旨在减少进入生产和消费流程的物质量;"再利用"属于过程,旨在延长产品和服务的时间;"再循环"属于输出端,旨在把废弃物再次资源化以减少最终处理量。处理废物的优先顺序是:避免产生-循环利用-最终处置。即首先要在生产源头——输入端就充分考虑节省资源、提高单位生产产品对资源的利用率,预防和减少废物的产生;其次是对于源头不能削减的污染物和经过消费者使用的包装废弃物、旧货等加以回收利用,使它们回到经济循环中。只有当避免产生和回收利用都不能实现时,才允许将最终废弃物进行环境无害化处理。环境与发展协调的最高目标是实现从末端治理到源头控制,从利用废物到减少废物的质的飞跃,要从根本上减少对自然资源的消耗,从而也就减少了环境负载的污染。

现在学术界提出了"4R""5R""6R"原则,如除"3R"外,再加上"再组织""再思考""再制造""再修复"等,我们认为这些原则是针对某些不同层次或领域,如管理层面、意识层面或某些行业领域提出的更加具体、具有针对性的原则,具有合理性,但不能取代"3R"原则的基本性和普遍性。

二 清洁生产理论

《中国21世纪议程》对清洁生产的定义为:清洁生产是指既可满足人们的需要又可合理使用自然资源和能源并保护环境的实用生产方法和措施,其实质是一种物料和能耗最少的人类生产活动的规划和管理,将废物减量化、资源化和无害化,或消灭于生产过程之中。它是指将综合预防的环境保护策略持续应用于生产过程和产品中，以期减少对人类和环境的风险。从本质上来说，清洁生产就是对生产过程与产品采取整体预防的环境策略，减少或者消除它们对人类及环境的可能危害，同时充分满足人类需要，使社会经济效益最大化的一种生产模式。因此，废弃电子产品资源化产业的发展与其他行业一样需要以清洁生产为手段，对电子电器产品在生产过程中尽可能不用有毒原材料，并在生产过程中就减少它们的数量和毒性。对产品而言，则是从原材料获取到产品最终处置过程中，通过对废弃电子产品资源化共生网络的循环利用，尽可能将其对环境的影响减少到最低。

清洁生产是一种新的创造性的思想，该思想将整体预防的环境战略持续应用于生产过程、产品和服务中，以提高生态效率并减少人类及环境的风险。对生产过程，要求节约原材料与能源，淘汰有毒原材料，减降所有废弃物的数量与毒性；对产品，要求减少从原材料提炼到产品最终处置的全生命周期的不利影响；对服务，要求将环境因素纳入设计与所提供的服务中。

清洁生产的观念主要强调以下三个重点。

（1）清洁能源。包括开发节能技术，尽可能开发利用再生能源及合理利用常规能源。

（2）清洁生产过程。包括尽可能不用或少用有毒有害原料和中间产品。对原材料和中间产品进行回收，改善管理，提高效率。

（3）清洁产品。包括以不危害人体健康和生态环境为主导因素来考虑产品的制造过程甚至使用之后的回收利用，减少原材料和能源使用。

根据经济可持续发展对资源和环境的要求，清洁生产谋求达到以下两个目标。

（1）通过资源的综合利用，短缺资源的代用，二次能源的利用，以及节能、降耗、节水，合理利用自然资源，减缓资源的耗竭，达到自然资源和能源利用的最合理化。

（2）减少废物和污染物的排放，促进工业产品的生产、消耗过程与环境相融合，降低工业活动对人类和环境的风险，达到对人类和环境的危害最小化及经济效益的最大化。

清洁生产是生产者、消费者、社会三方面谋求利益最大化的集中体现：它是从资源节约和环境保护两个方面对工业产品生产从设计开始，到产品使用直至最终处置，给予了全过程的考虑和要求；它不仅对生产，而且对服务也要求考虑对环境的影响；它对工业废弃物实行费用有效的源头削减，一改传统的不顾费用有效或单一末端控制办法；它可提高企业的生产效率和经济效益，与末端处理相比，成为更受到企业欢迎的新事物；它着眼于全球环境的彻底保护，给人类社会共建一个洁净的地球带来了希望。

三　关键种群理论

生态学领域定义的关键种群是指一些珍稀、特有、庞大、对其他物种具有不成比例影响的物种，它们在维护生物多样性和生态系统稳定方面起着重要作用（蔡晓明，2000）。如果它们消失或削减，整个生态系统就可能要发生变化。关键种或种群不仅可以通过消费机理，即食物网来对群落或生态系统施加影响，也可通过诸如竞争、互惠、种子传播、传粉等相互作用的功能过程对系统产生影响；有些关键种还能改造生境或改变非生物因子，因而又被称为关键改造者。将关键种群理论应用到废弃电子产品资源化产业领域就是在产业发展过程中选定"关键种企业"作为产业的主要种群核心企业，构建企业共生网络。关键种企业在企业群落中居于核心位置，是废弃电子产品资源化共生网络的核心节点，聚集和传输网络内最大的物质流、能量流和信息流，带动和牵制着其他附属企业的发展，具有无可替代的作用。

四　工业共生理论

在生物学上，共生是指不同物种以不同的相互获益关系生活在一起，形成对双方或一方有利的生存方式（金涌等，2003）。工业共生是指一种工业组织形式，某一生产过程的废物可以用作另一生产过程的原料，从而高效地利用资源和最大化减少工业废物。工业共生以生态工业理论为指导，着力于园区内生态链和生态网络的建设，最大限度地提高资源利用率，从工业源头上将污染物排放量减至最低，实现区域清洁生产。与传统的"设计－生产－使用－废弃"生产方式不同，生态工业园区遵循的是"回收－再利用－设计－生产"的循环经济模式。它仿照自然生态系统物质循环方式，使不同企业之间形成共享资源和互换副产品的产业共生组合，使上游生产过程中产生的废物成为下游生产的原料，达到相互之间资源的最优化配置。工业共生理论延伸至废弃电子产品资源化产业领域就是强调在产业发展过程中产业链循环的各个企业之间的合作关系。根据经济利益，企业间的共生关系可以分为自主共生和复合共生；根据共生双方的利益关系，企业间的共生可以分为共栖共生、互利共生和偏利共生（王兆华等，2002）。

工业共生系统的形成很大程度上依赖自发行为，它大多存在于已经建立良好信用关系的企业之间。多企业的混合交换和合作有利于废料和资源的交换，企业之间的交换方式主要有直接销售、以货易货、协作交换等。

五 网络组织理论

网络组织理论是当代西方微观经济学从 20 世纪 80 年代中后期开始逐渐形成并迅速发展起来的一个新领域，是近年来经济学家在分析经济全球化现象和区域创新现象时经常使用的理论。该理论认为，网络组织是处理系统创新事宜时所需要的一种新的制度安排，是一种在其成员间建立有强弱不等的各种各样的联系纽带的组织集合。它比市场组织稳定，比层级组织灵活，是一种介于市场组织和企业层级组织之间的新的组织形式。无论是在市场之中还是企业内部，市场机制和组织机制都是共同存在的，也就是说，市场和企业不是相互对立的，而是相互联结、相互渗透的。这种相互联结和相互渗透最终导致了企业间复杂易变的网络结构和多样化的制度安排。对废弃电子产品资源化共生网络的研究，本书从管理视角对其生成机理、网络运作和网络治理等方面进行了相关分析。

网络组织形成的标志是该网络独特的"基因"已经出现。这种基因即网络组织所信奉的原则，它是网络组织中的所有成员都同意并将捍卫的基础。当网络组织将自己的信条公布，并吸引到其他的节点自愿加入的时候，网络组织就开始了扩张。每一个加入网络组织的节点都同意网络组织的信条，当一个节点不再同意网络组织信条的时候就可以退出。在某一时刻，如果加入网络组织的节点数量超过了退出的数量，则网络组织处于"扩张状态"。由于网络组织是无"控制中心"的，因此每个网络组织中的节点都可以寻找其他节点并使之同意网络组织的规则，一旦成功则如同基因被复制到了新的细胞体一样，网络组织因此获得规模上的增长。当网络组织中有超过一个的节点同意改变网络组织的原则，并将信奉新的原则的时候，网络组织就发生了变异。如果全体节点共同同意修改并遵循新的原则，则这个网络组织发生了整体的变异；如果只是其中的部分节点同意改变原则，则这部分节点从原网络组织中脱离出来，该网络组织发生的是"局部变异"。当变异通常在外界环境发生改变时，网络组织原则必须应对变化而调整。由于环境的变化是经常的，因此变异行为也是网络组织的常态行为，在变异中网络组织能力反而可能得到增强，出现这种情况，也可以说这种变异是一种"进化"。当网络组织原则发生变化，而网络组织中的节点无法统一到新的原则上时，网络组织便消亡了。

网络组织中的每个个体的地位都是平等的。不同于"层级组织"或"金字塔组织"，网络组织中不存在必然的上级和下属，只有独立的"节点"网络组织依靠开放性成长，所有游离在网络组织之外的节点都可以自愿加入网络组织。和传统的封闭型组织不同，网络组织中具体的"节点"个数很可能无法统计，因为它们随时都在变动。网络组织中没有固定的上级或领导，但是可能存在"南坦"。南坦取自《海星与蜘蛛》中描述海星模式所采取的一个例子——阿帕奇人（印第安人中的一支）。他们采用分权体系，称自己部落的临时"领袖"为南坦。作为一个群落的精神与文化的领头人，南坦通过示范来领导，本身没有强制权力。

第三章
废弃电子产品资源化共生
网络的生成

第一节　废弃电子产品的概念界定

一　废弃电子产品的定义

废弃电子产品俗称"电子垃圾"，英文翻译为 Electronic Waste（缩写为 E – waste）。关于它的定义，国内外并没有一个统一的说法。一般认为，废弃电子产品主要包括各种使用后废弃的电脑、通信设备、电视机、电冰箱、洗衣机等电子电器产品的淘汰品。国外对废弃电子产品的定义是：废弃电子产品，包括旧电脑（主板）、监视器、印刷机；其他外围的信息设备，旧通信设备（移动电话、固定电话和传真机）和复印机。这些都是不能正常使用的或者是过时的，只能回收，不再有利用价值的物品。

我国对废弃电子产品的定义是：废弃的电子电器产品，电子电气设备及其废弃零部件、元器件。包括工业生产及维修过程中产生的报废品，旧产品或设备翻新、再使用过程产生的报废品，消费者废弃的产品、设备，法律法规禁止生产或未经许可非法生产的产品和设备①，根据国家废弃电子产品名录纳入废弃电子产品管理的物品、物质。很多场合下也可简单地理解为废旧家电和电子电器产品的统称。2010 年 9 月 15 日，国家发展和改革委员会、环境保护部、工业和信息化部三部委联合发布了《废弃电器电子产品处理目录（第一批）》公告，电视机、电冰箱、洗衣机、房间空调器和微型计算机五种产品被纳入其中。之所以首批目录选择电视机、电冰箱、洗衣机、房间空调器、微型计算机五种产品，主要是因为这些产品具有社会保有量大、废弃量大，污染环境严重、危害人体健康，回收成本高、处理难度大和社会效益显著、需要政策扶持等特点。其中，废旧家电一般是指"丧失使用功能或在经济合理条件下经过维修仍达不到旧家电安全标准和性能标准的家电"。

二 废弃电子产品的分类

废弃电子产品种类繁多，所含材料成分复杂。目前，国内对废弃电子产品的分类尚没有一个统一的方法和标准。一般以废弃电子产品大小分类较多，根据用途分类或按所用材料分类的方法也曾有论述。在特殊情况下，还可以按废弃电子产品对生态环境的危害来分类。本章在借鉴各种分类方法的基础上，对废弃电子产品进行如下详细分类，具体分类见表 3 - 1（王一宁，2007）。

---

① 国家环境保护总局令〔第 40 号〕，《电子废物污染环境防治管理办法》，第五章附则第二十五条。

表 3 - 1　废弃电子产品的分类

分类方法和标准	类属	包含的主要产品	备注
按生产领域	家庭	电视机、洗衣机、电冰箱、空调器、家用音频视频设备、电话、微波炉、饮水机等	前三种所占比例最高
	办公室	电脑、打印机、传真机、复印机等	废弃电脑所占比例最高
	工业制造	集成电路生产过程中的废品、报废的电子仪表等自动控制设备、废电缆等	相当部分不直接进入城市生活垃圾处理系统
	其他	手机、网络硬件、笔记本电脑、电动玩具等	废弃手机增长速度最快
按对环境造成的危害及其无害化的难易程度	白色家电	电冰箱、洗衣机、空调等	所含材料比较简单，各种材料容易分解，再加工工艺比较简单，经济附加值比较高
	含有线路板、显像管的产品	电脑、手机、电视机、电子仪表等	所含材料对环境危害比较大，分离处理技术要求比较高
按体积和用途	大型电器	电冰箱、洗衣机、热水器等体积较大的白色家电	美国环保局的分类方法
	小型电器	电吹风、咖啡机、烤面包机等体积较小的家电	
	消费型电子产品	音频产品、视频产品、信息产品，如手机、电脑、电话、音响设备等	

分类方法和标准	类 属	包含的主要产品	备注
按回收物质	电路板	电子设备的集成电路板	主要是电视机和电脑电路板
	金属部件	金属壳座、紧固件、支架等	以铁为主
	塑料	显示器壳座、音响设备外壳等	包括小型塑料部件（如按钮等）
	玻璃	CRT管、荧光屏、荧光灯等	含有铅、汞等严格控制的有毒有害物质
	其他	电冰箱中的制冷剂、液晶显示器中的有机物	需要进行特殊处理

三 废弃电子产品的特点

电子电器产品作为一种综合性工业产品，一般都包含金属、塑料、玻璃和化工材料等多种物质，报废后即成为有毒、易爆和易泄漏的危险废弃物。因此，废弃电子产品作为一种相对特殊的固体废弃物，既具有一般固体废弃物的共同特征，又有其特别之处，其主要特征有以下几点。

1. 增长迅速，产量巨大

随着电子工业的高速发展，社会对电子类消费产品需求的不断更新和膨胀，电子电器产品淘汰的速度越来越快，废弃电子产品的数量也逐年激增。电子电器产品是20世纪增长最快的产品之一，废弃电子产品每5年增加16%～28%，比一般固体废弃物的增长速度快3倍。从表3-2我国主要电子产品各年产量可知，电子电器产品更新速度越来越快，电子产品的使用寿命相应会缩短，这使得废弃电子产品的数量呈直线增长。有关资料显示，今后我国每年将至少有 500 万台电视机、400 万台电冰箱、600 万台洗衣机要报废，每年还会有 500 万台电脑、上千万部手机进入淘汰期。仅 2008 年我国就淘汰了 800 多万台电视机，1100 多万台洗衣机，900 多万台电冰箱，1400 多万台电脑及 8000 万部手机。中国台湾产生的废旧电脑量大约为 30 万台。

表 3 - 2　我国主要电子产品各年产量

项　目	1994 年	1995 年	1996 年	2001 年	2002 年	2003 年	2004 年	2008 年
彩电（万部）	1689.50	1958.00	2019.00	3967.00	5155.00	6541.40	7328.80	9033.00
电冰箱（万部）	764.50	929.60	928.00	1349.00	1599.00	2242.56	3033.38	4756.90
空调（万部）	—	—	—	2313.00	3135.00	4993.40	6646.20	—
集成电路（亿块）	—	31.30	43.58	63.60	96.30	148.31	211.46	—
移动电话（万部）	—	—	—	—	11960.00	18231.70	23344.58	55469.30
微机（万部）	—	40.30	—	758.00	1464.00	3216.70	4512.41	8266.50

资料来源：国家统计局。

2. 可循环利用，资源性和价值高

成分复杂的废弃电子产品含有大量可回收的有色金属、黑色金属、塑料、玻璃及一些仍有利用价值的零部件，比普通生活垃圾的回收价值高出许多。据相关研究，典型的废弃电子产品一般是由 40% 的金属、30% 的塑料及 30% 的氧化物组成，其中废弃印刷电路板中金属含量更是可观。在 1 吨线路板所含的物质组分中，仅铜的含量即高达近 30%，另外还含有铝、铁等金属及微量的金、银、铂等贵金属。因而，废弃电子产品具有比一般固体废弃物高得多的价值。有研究估计，根据金属含量的不同，每吨废弃电子产品价值达几千美元，甚至高达上万美元。若再考虑到废弃电子产品中具有较高价值且仍可继续使用的部分元器件，如内存条、微芯片等，则废弃电子产品具有更高的潜在价值，蕴藏着巨大的商机，回收利用的前景更加广阔。废弃电子产品的资源化和再循环利用可以很好地促进经济、社会、资源和环境的可持续发展，对人均资源相对匮乏的我国具有非常重要的战略意义。

3. 高污染性与强危害性

废弃电子产品中含有大量污染环境、对人体产生毒害的物质，如果不经专业化处理，而同普通垃圾混为一体直接填埋或焚烧，就会对人体及生态环境造成危害。如制造一台电脑所需要的 700 多种化学原料中，有 300 多种对人体有害。电冰箱的制冷剂和发泡剂是氟氯碳化物，电视机的显像管属于爆炸性物质、荧光屏中含有汞，废线路板会对水质和土壤造成严重污染。同时，这些电子垃圾还含有各种对人体有害的重金属，它们一旦进入自然环境，将长期滞留在生态系统内，并随时都可能通过各种渠道进入人体，从而给人类健康带来极大威胁。例如：铅会破坏神经、血液系统，严重时会影响大脑发育；镉会损害肺部，引起肾脏疾病及慢性中毒；汞会破坏脑部及记忆力，对胎儿造成严重伤害；六价铬属致癌物质，大量吸入可导致肿瘤和鼻窦肿瘤，可引起溃疡、痉挛及哮喘性支气管炎。因此，废弃电子产品的回收、存储、运输、拆解、处理处置的途径和方法不当都将对环境造成危害。据联合国环境规划署有关报告，全球每年产生电子垃圾 2000 万~5000 万吨，如果以火车装运，这列火车的长度可环绕地球一圈。如果不加处理或处理不当，它们对环境的破坏将是难以估量的。

4. 废弃电子产品的复杂性和难处理性

废弃电子产品的科学、有效处理是一道世界性难题。电子电器产品种类繁多，结构复杂，材料各异，且由于产品设计、生产方式、使用周期等不同，致使废弃电子产品中所含的各种物质千差万别。各个国家的环保工作者都投入了大量精力进行废弃电子产品的资源化研究，但还有许多问题亟待解决，如含铅玻璃的资源化、无害化处理问题，印刷线路板的全面资源化问题，在回收过程中二次污染的防治问题等。尽管有些科学家已经部分解决了上述问题，但其高昂的处理技术和设备投资成本，使得废弃电子产品资源化利用实现工业化还有一定距离。总之，废弃电子产品的资源化研究有着重要的环境和经济价值，是有关电子工业可持续发展及环境保护的重大课题和难题。

第二节 我国废弃电子产品资源化的现状

目前，我国废弃电子产品增长迅速，产量巨大，但由于废弃电子产品具有结构复杂和处理难度大的特性，我国对其处理方式以填埋、焚烧为主，其回收再利用率远远低于欧盟、日本等发达国家或地区。如表 3 - 3 所示，由 2010 年全球 WEEE 生产、处理、再利用和进出口情况估计（Zoeteman et al.，2010）可知，我国废弃电子产品回收再利用率仅为 30%，而欧盟和日本则高达 66%。

目前，我国废弃电子产品资源化利用缺乏必要的科技手段和投入，虽然已经开始尝试鼓励一些正规企业进入废弃电子产品回收利用领域，但是由于激励和引导废弃电子产品资源化利

表 3 - 3　2010 年全球 WEEE 生产、处理、再利用和进出口情况估计[a]

单位：百万吨

国家/地区	年产量	填埋、存储和焚烧	国内回收再利用[b]	年出口量	年进口量
美　国	8.40	5.70	0.42	2.30	—
欧　盟	8.90	1.40	5.90[c]	1.60	—
日　本	4.00	0.60	2.80	0.59	—
中　国	5.70	4.10	4.20	—	2.60
印　度	0.66	0.95	0.68	—	0.97
西　非	0.07	0.47	0.21	—	0.61

注：a——从回收再利用的趋势来看，一部分在国内或区域内填埋、焚烧处理，一部分出口到发展中国家和地区，剩余的部分通过翻新修理等各种方法再利用或直接再利用。

b——在中国、印度和西非区域内，假定本国或本区域内废弃电子产品产量加进口的总和的 30% 进行循环再利用。

c——在欧盟境内，假定其废弃电子产品产生总量的 66% 进行循环再利用。

资料来源：Zoeteman B. C. J., Krikke H. R., Venselaar J., "Handling WEEE Waste Flows", *Int. J. of Adv. Manuf. Technol.*, 2010, Vol. 47, pp. 415 – 436。

用产业发展的政策不健全，同时由于《废弃电子电器产品回收处理管理条例》等相关的废弃电子产品管理法规或规章尚未出台或实施，废弃电子产品的收运、处置市场尚不规范；另外，在由谁来为废弃电子产品回收处理付费和付费比例上，各利益集团争执不下，成为制约我国废弃电子产品资源化利用的主要因素。因此，我国至今还未能建立起依靠高科技手段，实现废弃电子产品资源化循环利用的大型规范化的共生网络。据调查，目前我国的废弃电子产品处理主要有以下三种渠道。

一是收废品垃圾的商贩。商贩收来的旧电器一般有两个出路：能用的改装之后再卖到农村；对一些没有再利用价值的电冰箱、电视机等，回收后就在露天道边拆卸，将其中的玻璃、塑料、金属等卖钱，其余的当作垃圾扔掉，使含有大量有害物质的废弃电子产品和普通垃圾一起填埋或焚烧。

二是一些所谓的"电子垃圾处理厂"，即拆解作坊。这种渠道相对于商贩来说高级一些，但也不外乎采用最原始的人工敲打办法，把拆下的电机等价值较高的零部件集中卖掉，其余的按废铁、塑料等废品出售；把"电子垃圾"中含有的金、银、铜、锡、铬、铂、钯等金属用硫酸溶解出来，但废酸液等大量有害物质被排入河流、渗入地下，造成严重的二次污染。在我国的广东省贵屿镇、浙江省台州市温西乡桐山村等地，电子垃圾的处理行业十分兴旺，但都是在用19世纪的工艺来处理21世纪的垃圾。例如，将电线从电器中抽出来，露天焚烧这些电线和电路板，空气中弥漫着致癌烟尘；用酸溶的方法从电子器件上提取银和金；直接将打印机墨盒撬开，把充满铅的阴极射线管敲碎，等等。这些原始的、不加任何保护措施的处理方式后果极为严重，不但拆解者自身的身体健康会在不知不觉中受到剧毒物质的损害，同时也严重污染了人类的生存环境。

三是具有一定规模的企业将废弃的电子电器产品进行集中拆解和分离，从中获取原料，残余物送往垃圾厂处理进行专业化、无害化处理。这类企业数量很少，与电子垃圾处理体系联系密切的电子垃圾回收体系、拆解体系、深加工体系、有毒有害物质处理体系等相互间的协作也不完善。因此，至今我国还没有真正建立完善规范的废弃电子产品资源化共生网络体系。当前的电子垃圾回收及处理完全是在经济利益的驱动下自发进行的，电子垃圾的无序回收和原始落后的拆解处理方式造成了极大的资源浪费和严重的环境污染。因此，必须采取适合我国现阶段国情的多渠道回收和集中拆解处理的方式，构建健康、稳定、可持续发展的废弃电子产品资源化共生网络体系。

第三节 废弃电子产品资源化利用的概念和意义

一 废弃电子产品资源化利用的概念

所谓废弃电子产品资源化，简单地说就是把废弃电子产品作为一种资源加以再利用，其资源化循环的理想过程见图 3-1。

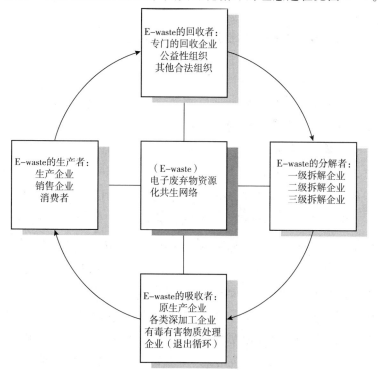

图 3-1 废弃电子产品资源化共生网络中的 E-waste 资源化循环

因此，废弃电子产品资源化处理企业本身就是以保护环境为首要价值导向，其更具有生态化产业共生的实际意义。废弃电子产品资源化共生网络（E - waste Recycling Symbiotic Networks，E - waste RSN）作为生态产业共生网络的一种典型网络模式，有着生态产业共生网络所具有的共性特征，同时也具有其自身的特殊性。废弃电子产品资源化共生网络是废弃电子产品资源化产业园建设过程中的核心内容，强调企业间的合作，从根本上将传统工业发展的"资源－产品－废物"的线性模式转变为"资源－产品－再生资源－（新）产品"的循环模式（蔡小军、李双杰，2006）。

二 废弃电子产品资源化利用的意义

高强度的资源消耗和环境污染的传统工业发展模式已大大超出了我国资源存量和环境承载力。鉴于我国人口众多、资源相对贫乏、生态环境脆弱的现状，废弃电子产品资源化利用对开发隐藏在人们周围的这座"城市矿山"具有非常重要的战略意义。我们可以从以下"三笔账"来看废弃电子产品资源化利用对建设环境友好型和资源节约型社会的实际意义。

第一笔，"污染账"：一节随意丢弃的废旧电池，它的重金属及废酸、废碱等电解质溶液可以让 1 平方米的土地失去耕种价值；扔一粒纽扣电池进水里，其中所含的有毒物质会造成几十万升水的污染，相当于一个人一生的用水量。

第二笔，"节约账"：废弃电子产品中含有大量的可再利用的资源，利用 1 吨废旧塑料可节省 3 吨原油；每回收 1 万吨铝，可少排放 1.5 万吨赤泥，节电 1.2 亿度；每回收 1 万吨废钢，可少排放二氧化硫 3600 吨和 600 吨水。

第三笔，"效益账"：一是借助技术的发展不断发掘废弃电子产品的潜在价值，开发高端产品；另外就是全社会能够正确看待废弃电子产品回收这个行业，认识到电子垃圾的有用之处。

因此，研究基于循环经济的废弃电子产品资源化共生网络，探讨适合我国国情的废弃电子产品资源化共生网络构建模式和运作模式，让我国废弃电子产品资源化共生网络中的企业进一步认识网络中各种资源循环利用的闭环系统，最终在提高经济效益的前提下，保护生态环境，对我国经济社会的可持续发展显得尤为重要和尤为迫切。

第四节　废弃电子产品资源化共生网络的必要性和可行性

目前，我国已成为世界上最大的电子电器产品生产国和消费国，每年有数百万吨的电子电器产品被废弃，废弃电子产品的回收和处置问题已经相当突出（王一宁，2007）。废弃电子产品资源化共生网络的建立是对废弃电子产品进行无害化处理和资源化再利用的重要模式，因此，建立行之有效的废弃电子产品资源化共生网络就显得极其重要。另一方面，我国一些地区，特别是上海、北京、天津、青岛等生产与消费比较集中的区域，在废弃电子产品资源化共生网络的建立方面已经具备了一定的基础。

一　我国建立废弃电子产品资源化共生网络的必要性

1. 有利于规范废弃电子产品回收体系

当前，我国废弃电子产品回收、处理与再利用中首要解决的问题，就是在全国各地尚未形成一个较为完整规范的回收体系。全国各地基本都是以小商贩走街串巷低价收购、厂家或商家以旧换新的促销收购、维修点收购等形式自发形成的不稳定的、不规范的回收网络。废弃电子电器产品一部分进入废弃电子产品资源化共生网络中的回收、处理与再利用，另外一大部分经过翻新或维修后再流通到二手市场。很多正规的回收企业等"正规军"竞争不过小商贩零散的回收体系，从而造成无法满足处理企业的经营需要，正规的处理企业面临着"吃不饱"的困境。我国废弃电子产品资源化回收处理的工作难以开展的主要原因就在于其中上游的回收网络体系的建立问题、中游的处理企业间的协作问题等没有得到根本性解决。因此，只有采用规范的多渠道回收和集中的专业化拆解与处理，废弃电子产品资源化共生网络才能真正地发挥其网络的效用，才能有效地控制废弃电子产品所带来的环境污染。

2. 有利于促进我国废弃电子产品回收和处理行业产业化发展

废弃电子产品的回收、处理和资源化利用最终要走向规模化、产业化的道路。当前我国专业的废弃电子产品回收和处理企业为数不多，形成一定规模的则更少，个别成规模的也常处于"无米下锅"的尴尬境地，并且产业链中各区位上的企业孤军奋战，相互间的协作很少。当前个别的回收行为、家庭作坊式的拆解、简单的贵金属提炼等，均难以实现废弃电子产品资源化循环利用。目前我国废弃电子产品的回收和处理之所以尚未真正实现规模化、产业化，其根本原因在于国内缺乏完善的废弃电子产品资源化共生网络，包括回收体系、拆解体系、深加工体系等。因此，建立完善高效的废弃电子产品资源化共生网络，可以吸引国内外资金投资废弃电子产品的回收、处理和资源化深加工行业，有利于促进该行业的产业化发展。

3. 有利于促进电子电器行业实现可持续发展

环境恶化与资源短缺是制约全球经济和社会发展的关键因素，因此，积极发展循环经济才是我国乃至世界经济和社会可持续发展的出路。作为家电生产和消费大国的中国，建立完善高效的废弃电子产品资源化共生网络有利于在全国范围内形成废弃电子产品的回收、处理与资源化再利用的良性循环机制，最大限度地实现对环境的保护和资源的循环利用。使电子电器产品生产商对其产品进行全生命周期的监督与管理，能够从产品的设计、制造、使用和回收利用各个阶段考虑其环境性能，有利于电子电器行业建立循环型生产机制，更有利于实现废弃电子产品回收、处理、资源化再利用闭环循环，最大限度地保护环境，节约资源，实现可持续发展。

二　我国建立废弃电子产品资源化共生网络的可行性

通过建立废弃电子产品资源化共生网络来开展废弃电子产品的回收、处理和深加工等资源化循环利用在我国不仅具有重要现实意义，而且就目前我国废弃电子产品的数量、回收处理技术以及潜在市场价值等方面而言，均具有一定的可行性。

1. 蕴涵庞大的市场潜力和巨大的商业利润

电子垃圾回收处理正被推向产业发展的战略高度。现实的赢利困境背后，实际上隐藏着巨大的商业利润。在德国流行这样一句话："今天的垃圾是明天的矿山。"因此，今天的电子垃圾很快会变为明天的超级矿山。在回收处理体系已经十分完善的日本，公布的相关产业利润数据也表明：按照每千克的含金量来计算，旧家电的含金量等于南非含金量最高的金矿石的20倍左右，是名副其实的"超级金矿"。潜在的市场潜力和巨大的商业利润，以及双赢的经济效益和环境效益，使得政府、企业和公众都对废弃电子产品资源化共生网络的建立给予了积极的支持和参与。

2. 具有充足的电子垃圾货源保证

作为电子电器产品生产与消费大国，我国电子电器产品保有量居世界前列，随着产品逐渐老化，以及产品更新换代的加快，将会有大量的电子电器产品被淘汰废弃。据统计，从2003年起，我国每年有500万台电视机、400万台电冰箱、600万台洗衣机进入报废之列。此外，电子产品更新速度比家电产品快得多，每年大约有500万台电脑报废，复印机、传真机、电话机等电子产品报废数量也不断增加。废弃电子产品的生产量已大大超过目前我国废弃电子产品回收处理企业的处理量，并且这种状况在近几十年内都不会发生改变的。因此，在建立完善的废弃电子产品资源化共生网络后，废弃电子产品处理企业就不必担心会出现"无米下锅"和"吃不饱"的困境了。

3. 具备相对成熟的技术保障和管理模式

随着各国政府对二次资源利用及环境保护的重视，废弃电子产品的资源化回收利用迅速发展，特别是美国、日本等发达国家，它们对废弃电子产品回收处理所需的技术、设备、工艺及管理模式等都日臻成熟。因此，我们可以借鉴国外发达国家和地区的先进技术和管理经验，为我国废弃电子产品资源化产业的可持续发展提供必要的技术保障。

4. 得到政府的大力扶持和公众的积极参与

目前，我国废弃电子产品回收和处理的相关的法律法规和管理办法正在逐步地建立和完善，其中《废弃电器电子产品回收处理管理条例》及其相关的配套政策于 2011 年 1 月 1 日起施行。随着相关法律法规的完善，我国将逐步取缔、关停、关闭一些不具备废弃电子产品资源化处理资质的有关回收处理企业，具备回收处理资质的正规企业将会获得稳定的处理货源，因此，其蕴涵的商业利润也将逐渐显现和稳步提高。同时，在相关部门和社会组织的大力宣传下，人们的环保意识显著提高，社会公众对废弃电子产品的危害也有了更深的认识，废弃电子产品回收处理活动也必将得到公众的积极支持和参与。再加上政府的税收优惠、信贷优惠、政策补贴等多种扶持措施，企业将不难回收其投资成本。总之，政府的大力扶持为废弃电子产品资源化回收处理提供了重要的政策保障体系，公众的积极参与为废弃电子产品资源化共生网络的健康运行提供了必要的舆论监督环境。

综上所述，在我国建立废弃电子产品资源化共生网络势在必行，同时也具备一定的可行性。废弃电子产品资源化共生网络对规范废弃电子产品的回收、处理和资源化再利用，保护环境和节约资源，建立可持续发展的循环经济，促进我国废弃电子产品回收处理行业的产业化发展具有重要的实际意义。

企业间所形成的虚拟共生网络随着市场需求的变化而变化，在不断调整中求生存，在对信息技术和资源的有效利用中获得发展。在信息化的基础之上，针对我国废弃电子产品回收利用的特点构建的基于虚拟共生网络的废弃电子产品逆向物流运营模式具有较高的经济性、收益性和生态性。基于虚拟共生网络的废弃电子产品逆向物流的运营完全围绕客户的需求来进行，在成本和技术等约束因素之外，充分考虑到客户需求的多样性和需求变动产生的影响。一旦需求发生变化，便改变虚拟共生网络的组成方式和成员企业，充分利用信息技术的优势和组织形式的先进性来对废弃电子产品进行回收和处理。

第五节　废弃电子产品资源化共生网络的主体分析

由于虚拟共生网络资源交换的特殊性，政府在此共生网络的建设与治理过程中具有不可替代的作用，充分发挥政府协调与管理主体的功能有利于实现虚拟共生网络的安全与稳定。良好的政策环境是虚拟共生网络健康发展的重要基础，政府应针对虚拟共生网络发展的实际情况，制定相应的发展政策和规章制度，鼓励企业相互交换副产品，提高资源的使用效率，使参与企业充分享受因虚拟共生网络带来的优惠政策。同时，政府还需要制定相关制度，规范共生企业的行为，鼓励诚信合作，培育共同的组织文化，增强虚拟共生网络中企业的凝聚力。在此基础上，政府还应制定优惠的招商政策，大力吸引各种产业类型的企业加入到虚拟共生网络之中，使与电子产品生产企业相关联的企业在一定的地域内，形成上、中、下游结构完整，外围支持产业体系健全，具有灵活机动等特性的有机体系。

在虚拟共生网络中，成本控制的问题涉及的层面相当广泛，贯穿于虚拟共生网络的构建、运行及解体等各个环节。政府作为虚拟共生网络的管理主体，对交易成本的控制主要体现在减少成员企业间合作运行中可能会出现的消耗上面，这不仅要求在选择合作伙伴时需要掌握充分的背景信息，以便能够选择在地理位置相近、可信度高并能稳定合作的企业进行合作，而且在虚拟共生网络运行中通过充分的信息合理分解任务和调整企业的行为，防止在没有达到虚拟共生网络的既定目标之前造成该网络解体。当虚拟共生网络稳定地按照既定目标和计划运行时，就不存在任何由于信息不对称而导致企业中途退出的可能，从而实现成员企业之间的共赢合作。

作为虚拟共生网络的管理主体，政府应充分发挥第三方的功能，积极协调网络中成员企业间的各种矛盾和冲突。由于政府是不以赢利为目标的机构，这就使得政府可以客观公正地处理资源、环境和利益的关系。另外，引入政府部门对虚拟共生网络进行管理，也可以使其获得虚拟共生网络运营的第一手资料，对其制定相关政策法规具有很大的指导意义。政府是具有强制性和威慑力的组织，这更方便对虚拟共生网络中的成员企业实现有效管理。在虚拟共生网络运作过程中，当因合作企业之间关系影响网络安全时，政府作为虚拟共生网络的管理者最适合扮演"协调人"的角色，政府的参与可以减少企业因微小冲突就中断合作关系的可能性，避免由此产生更多损失。在必要的时候，实施政府职能同样可以维持虚拟共生网络的稳定，这是其他"协调人"无法做到的。由于政府的参与协调，使虚拟共生网络的安全更有保障，增强了企业参与虚拟共生网络的信心和积极性。

企业间的合作关系及网络关系可以创造某些难以仿效和复制的无形资产，而这些无形资产在保持企业竞争力方面起着关键作用，它们完全依附于网络关系而存在，并随其瓦解而消失。由于逆向物流具有投资风险大、结构复杂、地点分散等特点，若由生产企业独家经营运作，虽然可以降低交易成本，但增加了库存成本、运输成本，而且需求响应迟缓，服务水平低，致使顾客价值下降，企业缺乏竞争力（张默、石磊，2007）。所以生产企业必须注重与它们的上下游企业建立和改善长期的合作伙伴关系，以降低交易成本。由于虚拟共生网络突破了地理位置的限制，完全以企业间的合作价值来结盟，所以网络中的企业一方面可以在全国范围内自由结盟，另一方面可以选择与其在地理位置上较为接近的企业结成子联盟，从而降低交易成本。由于电子产品的报废在我国是全国性的，所以对于废弃电子产品的收集和运输必然涉及在全国范围内选择最优方案的问题。对全国废弃电子产品回收点的合理选址是虚拟共生网络中具有战略意义的投资决策问题，对整个虚拟共生网络的建设和虚拟共生网络中成员企业的经济效益有着决定性的影响。本节将主要探讨子联盟的组建过程及选址问题。

一 重心法在选址中的应用

最简单的选址问题就是将一个新设施布置到一个与现存设施有关的二维空间中去。如果生产费用中的运费是很重要的因素，而且多种原材料由各种现有设施供应，则可根据重心法确定新址位置，使求得的厂址位置离各个原材料供应点的距离与供应量、运输费率之积的总和为最小。此法适用于运输成本所占比重较大的情况。

假定已设定的任意点位坐标系的原点，各供需点为 P_1，P_2，P_3，P_4，…，P_n，经过研究发现，如果各点的重心位置作为被选厂址，可以使总的运输费用接近最低，重心点的坐标计算公式如下所示。

$$x_0 = \frac{\sum_{i=1}^{n} x_i V_i}{\sum_{i=1}^{n} V_i} \qquad (3-1)$$

$$y_0 = \frac{\sum_{i=1}^{n} y_i V_i}{\sum_{i=1}^{n} V_i} \qquad (3-2)$$

式中 x_0，y_0 表示需要定位的厂址坐标；x_i，y_i 表示每个供应点的坐标（$i=1, 2, 3, \cdots, n$）；V_i 表示每个供需点的运输量。

重心法的计算方法非常简单，可以很快确定物流中心的位置，但它在数据的获取方面存在很大的不方便性，数据在一定程度上失真，并且其计算的选址结果实用性差。所以，本章引入 Google 地球在线系统来定位各资源点的坐标，使数据更加科学、实用。重心法的应用基于以下的假设条件：各资源点间的运输成本与它们之间的直线距离成正比。根据企业对废弃电子产品的需求，使得企业间结成子联盟，通过 Google 地球在线系统定位企业的经纬度，把各企业的经纬度和报废量等数据代入重心法模型，求得回收中心坐标。最后将此物流中心坐标输入 Google 地球在线系统中，通过转换、查询得到其实际地理位置。

二　实证分析

本章以 2008 年全国各省洗衣机的报废量为例来说明重心法

在废弃电子产品回收中的应用。通过细分，将全国分为华东，华南、华中、西南和华北、西北、东北三个区域，这三个区域中各省份2008年洗衣机的报废量见表3-4。

表3-4 2008年全国各省份洗衣机的报废量

单位：万台

华东	报废量	华南、华中、西南	报废量	华北、西北、东北	报废量
山东	2633.5733	广东	2240.8340	北京	629.5370
江苏	2439.3828	广西	712.1651	天津	373.1100
安徽	1452.5520	海南	98.1643	河北	1925.7930
浙江	1486.5650	湖北	1323.7340	山西	931.3005
福建	984.4226	湖南	1325.6523	内蒙古	645.0395
上海	705.0535	河南	2356.2927	辽宁	1339.1469
		江西	671.7364	吉林	779.6820
		四川	2046.1720	黑龙江	1160.6952
		云南	742.6485	宁夏	137.5513
		贵州	676.4809	新疆	396.5639
		西藏	19.6846	青海	122.7866
		重庆	729.0587	陕西	966.6141
				甘肃	523.6271

资料来源：国家统计年鉴。

将各省份名称输入Google地球在线系统中，得到每个省份的经纬度（见表3-5）。

假设需要在山东、江苏、湖北、山西四省建立子联盟，来回收四省的废旧洗衣机，那么就需要在这四省中建立一个合理的回收点。将四省洗衣机的报废量和经纬度的数据代入重心法的计算公式中，经计算得到最优回收点的经纬度为：

表3－5　全国各省份经纬度数据

华东	经度	纬度	华南、华中、西南	经度	纬度	华北、西北、东北	经度	纬度
山东	117.02	36.67	广东	113.27	23.13	北京	116.41	39.90
江苏	118.76	32.06	广西	108.33	22.82	天津	117.21	39.12
安徽	117.28	31.86	海南	110.36	20.03	河北	114.47	38.04
浙江	120.15	30.27	湖北	114.34	30.55	山西	112.56	37.87
福建	119.30	26.10	湖南	112.98	28.11	内蒙古	111.67	40.82
上海	121.47	31.23	河南	113.69	34.77	辽宁	123.43	41.84
			江西	115.91	28.67	吉林	126.55	43.84
			四川	104.08	30.65	黑龙江	126.66	45.74
			云南	102.71	25.05	宁夏	106.26	38.47
			贵州	106.71	26.60	新疆	87.63	43.79
			西藏	91.12	29.65	青海	101.78	36.62
			重庆	106.55	29.56	陕西	108.95	34.27
						甘肃	103.83	36.06

116.55、34.18。将结果输入 Google 地球在线系统中，得到最优回收点为河南省商丘市。在实际的回收点选择过程中，还会受到多种因素的制约，如当地的交通状况、当地对于回收点建设的一些政府规定、回收点运营费用的高低等。对废弃电子产品合理回收问题进行深入探讨将会极大提高企业的利润空间。虚拟共生网络中的处于核心地位的企业在进行合作伙伴的选择时，可以通过信息平台的沟通就近选择合作伙伴以形成地域优势，从而在废弃电子产品的回收过程中最大限度地降低回收成本。因此，提高合作伙伴选择决策的科学性和合理性是一个十分复杂却又非常具有研究意义的问题。合理、准确地建立伙伴选择模型，使其更接近企业现实运营模式，将有助于企业在虚拟共

生网络管理过程的科学决策，优化企业的运营流程，促进企业整体运行效率的提高。

第六节　废弃电子产品资源化共生网络生成机理分析

　　影响废弃电子产品资源化共生网络生成的因素多种多样，既有内在的动力机制，也有外部因素的推进。基于生产原材料和自然资源的优势来降低生产成本是废弃电子产品资源化共生网络生成的重要因素之一。此外，随着清洁处理技术的发展、资源化利用水平的提高、再生产工艺的不断创新，尤其是在网络信息技术的有效支撑下，废弃电子产品资源化共生网络内企业相互之间建立的工业共生关系不仅仅是一种产业集聚的表现，同时也是一种典型的网络组织。在废弃电子产品资源化产业园的形成及运作过程中会表现出产业集聚和网络组织的相关特性。因此，有必要从产业集聚和网络组织的角度对废弃电子产品资源化共生网络的生成机理进行分析。总之，废弃电子产品资源化共生网络的形成是受多种因素影响的结果（见图 3-2）。

一　废弃电子产品资源化共生网络生成的成本推动机理

　　随着废弃电子产品相关法律法规的完善和执行力度的加强，企事业单位或个人所产生的废弃电子产品不经处理随意排放的现象和家庭"作坊式"随意拆解处置废弃电子产品的行为都将受到严厉的惩罚。目前我国相关电子垃圾处理企业所遇到的瓶颈就是废弃电子产品的回收难、回收成本高、回收数量少。据调查，目前我国废弃电子电器产品主要涌向了两个渠

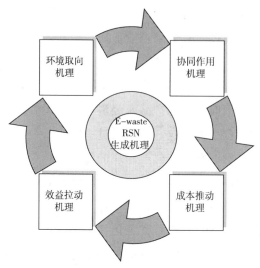

图 3 - 2　废弃电子产品资源化共生网络生成的机理

道：收垃圾的小贩和拆解作坊，而正规的处理企业却面临着
"无米下锅"的困境。同时，由于废弃电子产品包含很多可以
利用的资源化元素，比如塑料、玻璃、各种金属，尤其是贵金
属等，回收处理这些物质元素需要较高的工艺水平和昂贵的设
备。单个企业从生产、回收到全面处置，不仅需要极高的投
资，也必将分散企业经营者的精力，某种程度上影响企业经营
的效率和效益。然而，如果电子垃圾能够在废弃电子产品资源
化共生网络内得到充分的消化吸收，它将不再是一种成本较高
的"废物"，相反会成为推动废弃电子产品资源化共生网络整
体成本节约的"宝物"，这也是废弃电子产品资源化共生网络
建立的基础和重要诱因。以此为目标导向的共生网络建立后，
每个参与企业都会进行成本 - 效益状况的分析与比较。如果企
业不加入此共生网络，它要么独自承担投资处理设施成本、电
子垃圾的运输费用、不可再利用的废物的焚烧或填埋费用等，

要么面临着对有毒有害废物不经处理而直接随意排放所带来的严厉的潜在惩罚风险；如果企业加入这个共生网络，将会得到"共生效应"带来的益处：电子电器产品生产商无需自己回收和投资处理废弃电子产品，可以集中精力在绿色研发设计和绿色生产方面。同时，其副产品及经消费者使用后废弃的产品将会被专门的回收企业回收，然后经过一级、二级、三级等专门拆解企业的分解，分别交付给相应的深加工企业或原生产企业进行资源循环再利用，从而有效地降低了废弃电子产品资源化共生网络的整体成本。

总之，在废弃电子产品资源化共生网络的形成过程中，成本的推动因素起到了非常显著的作用，追求低成本是企业建立工业共生网络的主要动力，此共生网络能够有效降低合作成本，这主要表现为以下几点。

1. 降低运输成本

在废弃电子产品资源化共生网络中，各相关企业之间建立了工业共生关系，进一步推动了废弃电子产品资源化产业园的建立。由于企业集聚和共生现象的存在，废弃电子产品的回收、储存、初级拆解产品、高级拆解产品等中间环节的运输距离大大缩短，运输成本大大降低，同时也缩短了交货时间，给企业生产带来了很大的便利。如果企业不加入共生网络，而是分散经营，那么这种节约成本的情况是不会实现的。因此，这也吸引了更多的相关企业成为废弃电子产品资源化共生网络中的一员。

2. 降低采购成本

企业作为营利性组织，以追求利益最大化为目标。废弃电子产品资源化共生网络中的企业间建立了共生关系，可以大幅度降低各节点上企业原材料的采购成本，从而达到追求更高利润的目的。由于废弃电子产品资源化共生网络中企业的分工和产品的特殊性，上游企业生产的"产品"均为下游企业的生产原料，上下游企业之间的共生关系比一般生态工业园中企业间的关系更加直接和密切。废弃电子产品资源化共生网络中的回收企业通过各种渠道对废弃电子产品进行回收与初级分拣分类，然后将这些分门别类的废弃电子产品作为它们的产品交付给下游各级拆解企业，各级拆解企业再通过相应工序生产出它们的各类产品，然后交付给下游的深加工企业，依次循环下去，因而每一个环节都有助于企业降低原材料的采购成本。这当然要比到其他地方获取供应节约得多，生产成本大量减少，企业竞争力增强（王虹、叶逊，2005）。

3. 降低交易成本

交易成本又称交易费用，是一个经济学概念，指在完成一笔交易时，交易双方在买卖前后所产生的各种与此交易相关的成本。企业为了提高利润，都会以追求更低的交易成本为目标。企业加入虚拟共生网络并在信息交流、设施共享和资源的充分利用等方面建立密切的联系，可以尽可能地降低各方面的交易成本。总之，降低交易成本是影响企业合作和形成虚拟共生网络的一个重要因素。

交易费用理论告诉我们，虚拟共生网络中的企业面临的交易成本主要包括搜寻成本、谈判成本、履约成本、风险成本及其他成本等（王兆华、武春友，2002）。虽然企业在建立共生关系过程中会存在一定的交易成本，但由于废弃电子产品回收处理企业的自身特点和资产专用性，决定该类型的企业集聚在一起并建立共生关系则会降低交易费用，这主要表现在以下几个方面：企业可以在网络内方便地找到合适的共生伙伴，大大降低了搜寻成本；网络成员之间的工业共生关系，大大减少了不必要的非合作博弈竞争，降低了谈判成本；供应商和顾客集聚在一起，信息交流更加畅通，产品与服务市场供给充足，降低了履约成本；共生网络的稳定使废弃电子产品资源化产业发展前景平稳健康，降低了潜在的风险成本。

4. 节约其他成本

为了促进资源节约和环境友好型社会的建立，政府会制定许多相应的优惠政策来鼓励企业建立工业共生网络，如土地使用费的减免、信贷支持、税收优惠和财政补贴等，这无形中会使企业节约很多成本。此外，大量企业集聚在一起形成共生网络还能产生规模效应，明确的高水平专业化分工可以大幅度提高企业生产效率，从而降低企业的相关成本。随着进入网络内的企业增多，网络各节点企业获益，共生网络不断发展壮大，反过来将进一步降低企业相关成本。

二　废弃电子产品资源化共生网络生成的效益拉动机理

废弃电子产品资源化工业共生网络本身就是产业集群的一种表现形式，因此具有明显的集群经济效益、规模经济效益和范围经济效益（王兆华、武春友，2002；王兆华、尹建华，2005）。

首先，网络内的企业集群创造了明显的集群经济效益，所有企业同处在一个网络内，企业家和技术人员相互间可以方便地交流经验和信息，可以大大降低企业在寻找合作伙伴时的搜寻成本和谈判成本，以及企业间建立稳定合作共生关系前的摩擦成本。同时，网络内集群企业还会享受到政策、信息和基础设施等方面非常优惠的条件。

其次，共生网络内的企业集群还带来了规模经济效益和范围经济效益。在集群企业专业化分工和协作的基础上，随着机械化和自动化程度的日益加深，网络内企业规模将逐步扩大。对于网络内集群企业来说，工业共生发展到一定程度，将会获得两种规模经济效益。一种是网络内出现达到经济规模的寡头型大企业获得规模经济效益；另一种是若干小企业在共生网络内从生产的密切关联度上形成了一个"联盟型大企业"，在供给与需求的博弈中获得了"整体规模经济效益"。这是因为，在共生网络内，就每个中小企业个体来说，并无规模的利益可言，而就其共生整体来说却实现了规模的利益。

除此之外，共生网络内的企业具有相似的企业文化，并共同使用基础设施和享受共同的软性环境，具有明显的规模经济效益和范围经济效益，这也正是吸引企业建立工业共生网络的潜在力量之所在。

三 废弃电子产品资源化共生网络生成的环境取向机理

目前，环境污染、生态恶化、资源短缺已经成为全球关注的焦点，各国政府为了保证本国生态环境和经济社会的可持续发展，都制定了十分严格的法律法规，对企业生产运营过程中的环境问题提出了更高的要求。废弃电子产品的回收处理和资源化再利用是一项利国利民的环保产业，但是该类企业要生存发展，也必须符合相关法律法规的要求，只有首先达到了相关的资质条件，才可以投资建厂和投入运营。在严格的环保法规监督下，企业仅仅依靠自身的力量进行废弃电子产品的回收和处理等相关工作，不仅投资成本极高，而且很难满足环保法律法规的要求。因此，企业将面临着经济和环境的双重压力。

废弃电子产品是毒物的集大成者，如一台 15 英寸的 CRT 电脑显示器就含有镉、汞、六价铬、聚氯乙烯塑料和溴化阻燃剂等有害物质，电脑的电池和开关含有铬化物和水银，电脑元器件中还含有砷、汞和其他多种有害物质；电视机、电冰箱、手机等电子产品也都含有铅、铬、汞等重金属；激光打印机和复印机中含有碳粉等。如果将废弃电子产品作为一般垃圾丢弃到荒野或垃圾堆填区域，其所含有的铅等重金属就会渗透并污染土壤和水质，经植物、动物及人的食物链循环，最终导致中毒事件的发生；如果对其进行焚烧，就会释放出二恶英等大量有害气体，威胁人类的身体健康，"贵屿现象"就是一个活生生的例子。然而，据美国环保局确认，用从废弃家电中回收的废弃钢材代替通过采矿、运输、冶炼得到的新钢材，可减少 97% 的矿废物，减少 86% 的空气污染，76% 的水污染；减少 40% 的用水量，节约 90% 的原材料和 74% 的能源，而且废弃钢材与新钢材的性能基本相同。

因此，共生网络内的企业共同致力于废弃电子产品的回收、拆解、资源化循环利用及有毒有害物质的处理，积极参与环境保护，不仅可以减少环境事故，降低对环境的破坏，解决日益严重的环境污染和日益短缺的资源问题，而且树立了企业的良好形象，提升了声誉，改善了与周边社区的关系，顺应了时代潮流，从而得到长期健康的发展，进一步增强了共生网络的稳定性（袁增伟，2007）。

四　废弃电子产品资源化共生网络生成的协同作用机理

据统计，废弃电子产品资源化共生网络内的单个企业的作业信息就达到 10^{10} 以上，其全部信息要比这个数字还要大很多。虽然废弃电子产品资源化共生网络是一个结构相对清晰的网络系统，其节点间具有线性、稳定的联结机制，但是网络内每个参与企业内部的技术、信息结构等也比较复杂，并相互交流和渗透，形成了相对复杂的网络系统。在该共生网络中，企业之间相互交流、相互协同，大量的信息流在网络内呈单向、双向、混合方向畅通流动。同时，在网络协议的保障下，物资流在上下游企业间得以稳定顺畅地流通，从而使得网络各节点间的联系更加紧密，企业间协同作用更加明显。

所谓协同作用，是指企业从资源配置和经营范围的决策中所能寻求到的各种共同努力的效果，也就是"$1+1>2$"的效果。废弃电子产品资源化共生网络内企业间的协同作用是可以直接看到的，回收企业、拆解企业、各类深加工企业可以直接通过投资协同、作业协同、销售协同、管理协同等，在各自产品、原材料等方面实现信息共享，相互协同工作，以做出整体的最优决策，达到整体利润最大化。协同作用导致共生网络内企业的有序协作与竞争，协同作用也是共生网络内企业能够持续健康稳定发展的重要机理之一。

第七节　本章小结

影响废弃电子产品资源化共生网络生成的因素多种多样，既有内在的动力机制，也有外部环境的推进。外部因素主要表现在成本推动、效益拉动和环境取向；内在动力则主要表现在共生网络内企业间"$1+1>2$"的协同作用机理。本章通过对废弃电子产品资源化共生网络生成的成本推动机理的分析，提出建立该共生网络可以实现总体成本的降低，还可以使参与企业获得集群经济效益、规模经济和范围经济效益。环境取向机理认为共生网络内企业通过协同作用机制，共同致力于解决电子垃圾对环境的污染，保护环境，节约资源，改善与周边社区的关系，提升企业形象与声誉，进而增强共生网络的稳定性，保障企业的健康持续发展。

第四章
废弃电子产品资源化共生
网络的构建与运作

第一节　废弃电子产品资源化共生网络运作的
内核——生态共生产业链

生态产业（Ecological Industry）是指按生态经济原理和知识经济规律组织起来的基于生态系统承载能力，具有完整的生命周期、高效的代谢过程及和谐的生态功能的网络型、进化型、复合型产业。相对于传统的基于单一经济效益的产业发展模式而言，生态产业是基于经济、社会和环境三者综合效益最大化的一种产业形态。生态产业共生是生态产业中企业的组织形式，尤其是企业与企业之间在环境保护方面的合作机制，而生态产业共生网络则是指由各种类型的企业在一定的价值取向指引下，按照市场经济规律，为追求整体上包括经济效益、社会效益和环境效益在内的综合效益最大化而彼此合作形成的企业及企业间关系的集合。生态产业共生网络是构成产业共生体的必要条件和核心内容，也是在现实中推进生态产业建设和实施循环经济战略的基本要素。

工业共生（Industrial Symbiosis）的概念最早是由丹麦卡伦堡公司出版的《工业共生》一书提出的："工业共生是指不同企业间的合作，通过这种合作，共同提高企业的生存能力和获利能力，同时，通过这种共生实现对资源的节约和环境保护。在这里，这个词被用来着重说明相互利用副产品的工业合作关系"（Engberg，1993）。

在废弃电子产品资源化共生网络中，"工业共生"具体指的是一种废弃电子产品资源化工业组织形式，将从生产商、经销商、消费者那里获得废弃的电子电器产品（包括下脚料）作为一种资源进行加工生产，从而最大限度地利用资源和减少工业废弃物。它以生态工业理论为指导，着力于共生产业链的设计和共生网络的建设，最大限度地提高资源利用率，将污染物排放量减至最低，实现资源循环利用和清洁生产。与传统的"设计－生产－使用－废弃"生产方式不同，废弃电子产品资源化共生网络遵循的是"回收－再利用－设计－生产"的循环经济模式。它仿照自然生态系统物质循环方式，位于共生产业链中的上、中、下游的不同企业之间形成一种共享资源和信息的工业合作关系，达到相互间的协作共生和资源的最优化配置。

第二节　共生产业链的设计

借鉴国外的废弃电子产品回收处理先进经验，我国废弃电子产品资源化产业在宏观上需要将该行业逐步由分散趋于集中，引导该行业走产业化、规模化发展的道路；微观上针对产业的上、中、下游企业分别采取不同的策略，对电子电器产品整个生命周期进行全程控制（孙颖，2006）。

一　上游回收产业链

广布于全国各地的回收企业是产业集群的原动力和排头兵，是产业链上游的产业集群元素，虽然各回收企业在空间上与产业链中下游企业相分离，但在共生关系上却与中下游企业密不可分。产业链上游集群元素遍布全国各大、中、小城市和农村，以专业回收企业、维修点、垃圾回收站等为主要存在形式，主要从事废旧电子电器、废旧电线电缆、废旧金属和废旧塑料等废旧物资的回收工作。

目前，我国绝大多数废弃电子产品都被"个体流动收购大军"收走。如果这种情况不能得到改善，就无法从根本上解决废弃电子产品的回收问题。于2011年1月1日起实施的《废弃电器电子产品回收处理管理条例》要求对电视机、电冰箱、洗衣机、空调器和电脑五类家电强制回收。所谓强制回收，是指废旧的电子电器产品必须首先拿到经国家资质认证的地点，经检测后，符合再流通标准的进入二手市场，其余的集中进行拆解或粉碎（王一宁，2007）。实施强制回收制度，首先要制定电子电器产品名录和报废期限，名录上的电子电器产品报废后，必须送交相关回收机构进行回收处置，消费者不得随意丢弃或变卖，否则将会受到处罚。

总之，在上游的回收产业链，废弃电子产品的回收必须走规模化、产业化、专业化的道路，必须全面规范静脉物流系统，促进废弃电子产品的回收工作顺利进行。因此，规范的回收渠道将给专门的回收企业或组织提供一个良好的环境空间，各回收企业或组织之间能够在地域空间上联合起来，形成互利互惠的共生关系。

二 中游拆解产业链

产业链的中游主力军是指各类废弃电子产品拆解企业，中游集群元素作为产业链的核心纽带，直接连接着上游的回收企业和下游的加工企业。按照拆解的人工劳动投入和技术难度的不同进行简单分类，可分为劳动密集型的初级拆解企业和技术密集型的高级拆解企业。

鉴于我国劳动力密集的特点，同时由于初级拆解的技术要求较低，因此，废弃电子产品资源化产业发展应大力提倡采用手工拆解工艺。在不涉及化学工艺过程的情况下，废弃电子产品中的大部分组件可通过手工拆解，分拣出各种金属和塑料进行利用，既不会对环境造成大的污染，又可以降低拆解成本。但对于涉及污染严重、对人体会造成危害的拆解部分，需交付技术密集型的高级拆解企业处理，利用高科技的机器进行封闭式拆解处理，从而防止油污、毒烟、雨水冲淋这些废旧物资导致的有毒有害物质对土壤及水源的渗透和污染。对于人工拆解和机器拆解过程中所涉及的有毒有害物质部分的组件，可以交付专门的危险废弃物处理企业进行处理，最大限度地降低对环境的危害。

因此，对于中游拆解产业链的设计需要加大拆解活动和工序的管理力度，在划定范围内实施集中拆解，严格建设标准厂房和污染处理设施，将废弃电子产品拆解环节造成的污染降到最低。各类拆解企业充分利用自身的优势，共享上游回收企业的信息和资源，互利共生发展。

三　下游深加工产业链

对拆解后的物质材料进行深加工从而形成再生产品的企业是产业链的下游集群元素。它们以各类金属深加工企业、塑料工艺品制造企业、废旧玻璃深加工企业等深加工企业为主要存在形式，是形成废弃电子产品资源化共生网络不可缺少的组成部分，一般均为共生网络中的关键种企业和核心企业，是该共生网络的主要利润源泉和生命力所在。由于下游加工企业加工物资的多元性和生产内容的多样性，因此，下游集群元素不能仅局限于产业园区内。根据虚拟网络组织的思想，也可以在园区外进行建设生产，或者利用区域周围现有的相关深加工企业进行加工生产，灵活构建下游产业链，保证产业链的完整。

因此，需要加强对下游企业的投资力度，引进国外先进技术，充分发挥下游加工企业对整体产业链的带动作用，确保在产业链延伸的同时，增强共生网络的稳定性，实现废弃电子产品的资源化再利用、无害化处理和绿色化再制造。

四　全流域中危险废弃物处理产业链

在废弃电子产品资源化产业链的中下游链条中，在拆解和深加工环节中会有一部分很难处理的有毒有害物质，回收处理企业需要支付一定的费用，把这些物质交付给专门处理企业来进行最大限度的无害化处理，比如高炉焚烧、集中深度填埋等。如果上述企业不将此类危险废弃物交给专业处理企业处理，而是随意排放或填埋，将会受到严厉的惩罚。因此，位于全产业链中的危险废弃物处理企业与共生链条中的任何企业都存在互利共生的关系，它对人类环境的保护作用是不可或缺的。

综上所述，共生产业链中的企业本质上是一种战略联盟，企业为了实现自己的战略目标，与其他企业在利益共享的基础上形成的一种优势互补、分工协作的网络化联盟。对于废弃电子产品这一特殊资源的回收利用来讲，单独一个企业很难实现废弃电子产品的资源化循环和无害化处理，同时也很难保证有利润可图。回收企业、拆解企业、深加工企业和有毒有害物质处理企业分别在各自的价值环节上具有绝对的优势，但在其他环节上却无优势可言。单个企业很难在所有经营环节上都具有绝对优势，因为废弃电子产品的回收处理需要很高的投资支出，具有很大的风险。因此，为达到共赢的协同效应，共生产业链的上、中、下游企业相互在各自价值链的核心优势环节上展开合作，发挥彼此的核心优势，创造整个产业链更大的效益，这也正是企业建立工业共生关系的原动力。

第三节 废弃电子产品资源化共生网络的构建模式

电子废弃资源化工业共生网络指包含工业共生关系的新型生产组织模式，是一种特殊的网络组织。区别于其他网路组织，其核心资源是传统上被认为"毫无价值"的特殊废弃物（废弃电子产品）。把废弃电子产品作为一种资源进行上游回收、中游拆解、下游加工等处理，在此过程中与全产业链中的危险废弃物专业处理企业形成各类企业间的相互依赖和互利互惠的产业共生关系。它以追求经济价值和环境改善为双重目标，因而，该共生网络既具有经济特征，又具有生态特征。

　　由此可见，产业集群并不是企业在区域空间的简单叠加，而是企业间网络关系的构建，其外部特征表现为基于价值链的功能集群。废弃电子产品资源化产业集群的组成元素按照产业链流向可分为上游的回收企业、中游的拆解企业及下游的加工企业。产业共生是产业集群的表现形式，从生态学的角度来分析有三种产业共生模式，分别是共栖共生、互利共生和偏利共生。从产业链上、中、下游关系着手分析废弃电子产品资源化产业共生模式，所得结果见图4-1。同一纵向产业链条上的企业之间以互利共生为主要模式，各个企业均因为对方的存在而受益，如果其中某一类企业不存在，则其他企业也不能生存，这样的共生关系是永久性的，而且具有义务性；产业链上

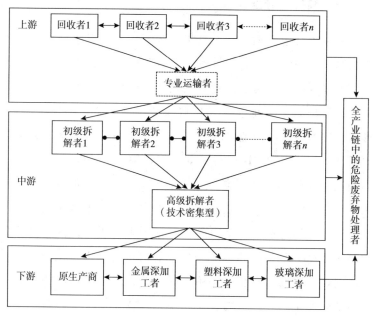

图例：●——●共栖共生　◀——▶偏利共生　⟹互利共生

图4-1　废弃电子产品资源化产业共生模式

游和产业链下游的横向企业之间主要以偏利共生为主要模式，这些企业在园区内共存或在园区外虚拟共存，其中一类企业受益，其余企业并不会受到伤害；产业链的中游各拆解企业之间为共栖共生模式，各个企业由于从事差别不大的拆解工艺，彼此虽独立生存，但其中一类拆解企业的进步和发展也会带动其他拆解企业的共同发展，都因对方的存在而受益。

基于以上共生产业链的设计和共生模式的分析，结合国外先进的回收处理经验和模式，依据我国废弃电子产品回收处理现状，笔者认为构建适合我国国情的共生网络模式可以有以下三种：政府主导型、市场自主型、政府与市场互动型。

一 政府主导型

所谓政府主导型模式，是指由政府主导，以本地电子电器产品制造商或中游的高级拆解企业或其他深加工企业等综合性大型处理企业为核心的产业发展模式，这些综合性大型处理企业带动了区域内其他相关的回收企业、拆解企业、加工企业，形成了较为完整的产业共生网络。采用此种模式的国家或地区包括日本、韩国和中国台湾（刘平等，2010；张科静、魏珊珊，2009）。政府主导型模式体现了政府的宏观管理和可持续发展的执政理念，同时也便于政府对行业的引导、管理和控制；处理设施基本上都属本地网络内的核心处理企业所有，便于制造商的前端优化生产设计和拆解处理企业的末端处理；同时，由于网络内企业地域分布相对均衡，服务各自区域，物流相对集中流向处理企业，对网络内企业规模化、产业化发展具有稳定作用。但是，由于政府主导，企业间相互竞争不充分，可能会造成产业的技术升级动力不足。总之，政府主导型的共生网络的构建模式可以通过行政手段快速地构建和布局产业的发展，资源利用率高，易于监督管理，但市场机制的缺失导致政府前期投入较大，处理成本也偏高。

二　市场自主型

美国、德国、英国、法国、芬兰、意大利、西班牙等国家在废弃电子产品处理产业化的过程中，政府均鼓励各方参与和进行信息交换，充分发挥开放市场的主导作用，各类处理企业互为补充、自由竞争（赖静，2004）。此种模式通常是由具有一定实力的制造商或者相关综合性拆解企业或深加工企业牵头，从而带动上游回收、中游拆解、下游深加工等各类企业的发展，市场自发形成一个相对稳定的共生网络。该网络模式特点是政府参与度小，以市场为主导组织信息交流，各相关方参与自由竞争；企业类别和数量多，专业化程度高的大型处理企业和小型处理企业并存且互为补充，有利于发挥各自的优势和资源的充分利用。但是，该模式下企业数量和类型众多，对企业守法意识和社会责任感要求高，监管难度大，企业破坏环境的潜在风险高。总之，市场自主型的共生网络构建模式，由于竞争机制的有效发挥，随着处理产业的发展，处理成本逐步下降，但由于市场的滞后性，有可能会导致网络盲目扩大，进而造成行业产能过剩，平均利润下降，企业出现"吃不饱"的现象。

三　政府与市场互动型

通过政府引导，以市场为基础，通过专门的生产责任机构（PRO）或市政责任机构组织实施的产业发展模式，主要处理企业都是该机构的签约方。所谓生产责任机构，是指经政府在法律法规中认定的 EPR 机制执行的组织机构，是一个以电子废品回收、处理及再利用体系为原则运作的管理机构，由制造商、进口商、运输公司、回收处理公司、消费者等组成，参加者享受一定的义务和权利。荷兰、瑞士、比利时、瑞典、挪威、丹麦等国家采用的这种模式（赖静，2004）。此种模式包括回收体系、运输体系、拆解处理体系、再利用深加工体系等环节相关合作方，体现了适度竞争的市场特点。生产责任机构和市政责任机构是该网络模式中的核心机构，是网络的组织者、管理者和服务者，要求具备较高的组织管理能力，同时接受政府的监督和管理，对网络内的各相关参与方负责。总之，采取政府引导与市场机制并重的方式构建我国废弃电子产品资源化共生网络，既可保障处理产业规模化、规范化发展，又可引入一定的市场机制，避免垄断现象的产生，从而促进该产业健康、协调、可持续发展（李博洋，2010）。

综上所述，在废弃电子产品资源化共生产业链设计分析的基础上，对比分析上述三种废弃电子产品资源化共生网络发展模式的构建，我们不难发现各自发展方式的利弊得失。结合我国国情与现阶段经济发展目标和水平，完全借鉴前两种模式中的任何一种都是不合适的。第三种模式介于政府主导和市场主导两者之间，在两者之间平衡发展。因此，借鉴第三种模式的理念来构建我国废弃电子产品资源化共生网络，发展有中国特色的废弃电子产品处理产业是比较切实可行的理性选择。

第四节　废弃电子产品资源化
共生网络运作模式

　　共生产业链的设计为工业共生网络的运作提供了强有力的支撑，废弃电子产品资源化共生网络的运作正是建立在这种理念之上的，是集工业生态学、工业共生理论、网络组织理论三者于一体的企业组织形式，强调企业间的合作关系。然而，生态工业园工业共生网络的运作并非是一蹴而就的，由于不同的发展政策、环境因素、社会因素等，导致了废弃电子产品资源化共生网络运作模式也有所差异。在对废弃电子产品资源化共生网络的内核——生态共生产业链分析的基础上，本节就其运作模式进行系统研究。纵观各国的工业网络运作模式，大致可以分为以下三种（张健等，2009）。

一　依托型废弃电子产品资源化共生网络运作模式

　　依托型废弃电子产品资源化共生网络是生态工业园中最基本和最为广泛存在的企业组织形式。依据关键种群理论，它的形成往往是起源于行业中一家或几家大型核心企业，其他中小企业围绕这些核心企业进行运作，服务于这些核心企业，为其提供充足的原料或零部件，同时核心企业为中小企业提供巨大的市场空间，从而构成了废弃电子产品资源化共生网络。

　　当园区中核心企业只有一家时，围绕这家核心企业所建立的工业共生网络称为单中心依托型共生网络；当园区中存在两家或多家核心企业时，由此而建立的共生网络称为多中心依托型共生网络。因此，根据园区内核心企业数目的不同，可将依

托型共生网络运作模式分为单中心依托型共生网络运作模式
（如鲁北化工生态工业园）和多中心依托型共生网络运作模式
（如天津泰达生态工业园区）（王兆华、尹建华，2005）。一般情
况下，多中心运作模式中的各个核心企业与其他中小企业的业
务关系非常广泛，与之合作的企业非常多，各中小企业也不仅
仅只依附于某一家核心企业，与单中心运作模式的高度依赖性
相比，各企业之间依赖性并不一定非常强。因此，多中心运作
模式可以大大降低因某一环节中断而导致整个共生网络全部瘫
痪的风险，从而在一定程度上提高了整个共生网络的稳定性和
安全性。

二 平等型废弃电子产品资源化共生网络运作模式

所谓平等型废弃电子产品资源化共生网络是指在网络中各
个节点企业地位平等，通过各节点间的物质、信息、技术、资
金、人才的相互交流，形成网络组织的自我调节以维持组织的
运行（王兆华、尹建华，2005；张健等，2009）。与依托型废弃
电子产品资源化共生网络不同，园区内任何一家企业会同时与
其他多家企业建立合作关系，进行资源的交换与交流，形成错
综复杂的共生网络，以此获得规模效益和集聚效益。

由此可见，平等型废弃电子产品资源化共生网络运作模式
中各企业之间不存在依附关系，在业务关系上的地位相对平等，
主要依靠市场调节机制来实现价值链的增值，当两家企业之间
的业务不再为双方带来利益时，它们的共生关系就会终止，再
寻求与其他企业的合作。在市场作用下，园区内各企业以经济
利益最大化为导向，以灵活的合作方式建立复杂的业务关系网
络，通过自组织过程实现共生网络的运作与管理，这种模式有

利于共生网络的迅速形成和发展。但是，由于这种共生网络受经济利益影响很大，企业具有很大的主动权来选择合作伙伴，各企业间依赖性不强，共生网络结构比较松散，仅凭市场调节很难保障共生网络的稳定性和安全性。

三　嵌套型废弃电子产品资源化共生网络运作模式

依托型废弃电子产品资源化共生网络和平等型废弃电子产品资源化共生网络是两种极端形式，前者过于依赖于某一企业，具有非常强的专一性，而后者过于松散，很难形成主体生态产业链（王兆华、尹建华，2005）。嵌套型废弃电子产品资源化共生网络是一种介于依托型共生网络和平等型共生网络之间的新型复杂网络组织模式，兼具依托型共生网络和平等型共生网络的优点，由多家大型核心企业和其吸附的众多中小企业通过各种业务关系而形成的多级嵌套网络模式。

在园区内，多家大型企业之间通过（物质、信息、技术、资金和人才等）资源的交流建立共生关系，形成主体网络。同时，各大型企业又与其吸附的众多中小型企业形成不同的子网络。另外，围绕在各大型企业周围的中小型企业之间也可能存在业务关系，所有参与共生网络的企业通过各级网络交织在一起，既有各大型企业之间的平等型共生和中小型企业的依托型共生，还有各子网络之间的相互渗透，从而形成一个错综复杂的网络综合体（王兆华、尹建华，2005）（见图4-2）。

在嵌套型废弃电子产品资源化共生网络运作模式中，各企业之间呈现出"你中有我，我中有你"的嵌套关系，各企业之间的资源交流渠道增多、交流频率加快，增强了合作企业之间相互依赖和相互凝聚的共生网络整体性，提高了共生网络的稳

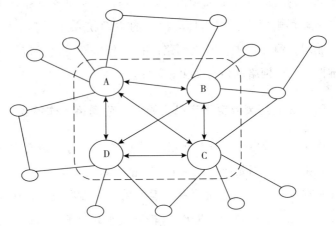

图 4 - 2 嵌套型废弃电子产品资源化共生网络结构模式

定性和安全性。

第五节　废弃电子产品资源化共生
网络中的资源循环

　　资源是人类赖以生存的物质基础，是人类发展生产和创造财富的源泉。随着科学技术水平的提高，生产力的增强，资源的内涵也在不断拓展，人类对可利用资源的范围和方式的认识也在逐步扩展和加深。废弃电子产品作为特殊的宝贵资源，逐渐走进了人类的视野，正在逐步得到广泛的重视和利用。将废弃电子产品的资源化利用工作纳入循环经济轨道，走以最有效利用资源和保护环境为基础的循环经济之路，是人类社会可持续发展的必然选择。

　　然而，废弃电子产品种类繁多、成分复杂，其处理涉及环境学、化学、矿物加工学、冶金、电子电力、机械等多学科领域，处理起来比较困难。废弃电子产品资源回收的基本发展方向是实现包括铁磁体、有色金属、贵金属和有机物质的全部材料再利用。目前，资源回收方法主要有火法回收、湿法回收、机械处理、电化学及生物回收等方法（刘昕光，2008）。其中，机械处理方法可以使废弃电子产品中的有用物质充分地富集，减少了后续处理的难度，与其他方法相比，其主要优点在于污染小、成本低，且可实现对废弃电子产品中的金属和非金属等各种成分的综合回收利用。

图 4 - 3 中，在废弃电子产品资源化原则流程中，收集工作

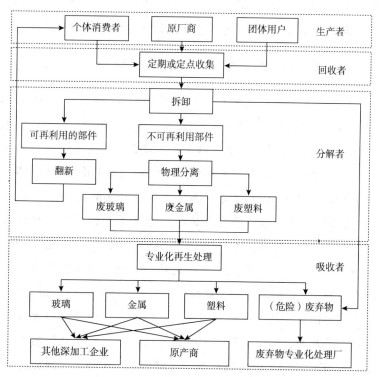

图 4 - 3　废弃电子产品资源化原则流程

采用定点收集和定期收集两种方式。定点收集是指利用现有的城市垃圾收集系统，定期收集则是指定日期由专门的回收企业到废弃电子产品生产者那里收集。拆卸采用人工拆卸方式，可以充分利用我国丰富的劳动力资源，创造就业机会，这正是废弃电子产品资源化产业属于劳动力密集型产业的原因。物理分离采用磁选、电选、风选、光选等一系列方法从粉碎后的废弃电子产品中分离出塑料、玻璃、金属，这些分离后的产品作为玻璃加工、金属冶炼、塑料加工行业的原料进行再生。本节将分别对废弃电子产品中可资源化利用的三大类物质（玻璃、塑料、金属）的循环进行分析（刘昕光，2008；张伟刚等，2006；宋丹萍、徐金球，2008；李宏煦等，2009；夏世德等，2009）。

一 废弃电子产品中的废玻璃资源循环

CRT 碎玻璃是熔制高质量 CRT 玻壳的重要配合料，目前国内 CRT 碎玻璃的年需求量达 45 万吨。这些 CRT 碎玻璃如果全用废 CRT 碎玻璃代替的话，每年将为玻壳生产企业节约资金 5 亿元人民币。由此回收循环再利用 CRT 碎玻璃的市场孕育而生。由于 CRT 碎玻璃中还含有少部分不可资源化的成分如：石墨（数量很少，资源化的可能性不大）、荧光粉、铅等有毒有害物质，因此，在 CRT 玻璃资源循环高速发展的同时，正规的 CRT 碎玻璃回收处理企业也致力于建设环保设施，建立废水处理和循环系统、废渣收集系统，确保生产过程不会对环境造成破坏。CRT 玻璃的资源化循环再利用促进了废旧家电产品的回收再利用技术的发展，带动了整个家电回收行业及其他玻璃深加工行业的发展。图4－4中的冶金业、玻璃工艺品深加工、地板砖和混凝土骨料等行业提高了回收利用率，降低了对社会和生态环

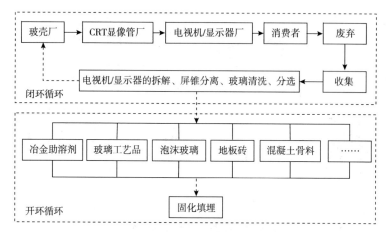

图4-4 彩电CRT玻璃资源循环流程

境的影响，具有一定的经济效益和社会效益。

二 废弃电子产品中的废塑料资源循环

塑料自100多年前被发明以来，已被广泛应用于国民经济各个领域。据估算，在电脑和电视机中，塑料的平均重量比例为23%～25%①，塑料也是家电产品第二大用材。我国是电子电器产品、电子电气设备的生产和消费大国，电子垃圾中含有大量的可再生塑料，在目前原油能源奇缺、国际油价居高不下的情况下，废弃电子产品中的塑料是一种非常宝贵的可再利用资源。废弃塑料的资源化回收主要有两类常见的方法：一种是材料式回收，另一种是能量式回收（见图4-5）。为了方便说明塑料原料与再生料的区别，按照通俗的叫法，以下称塑料原料

---

① 《我国电子垃圾中废塑料的循环利用现状》，《资源再生》2007年第10期，第52～53页。

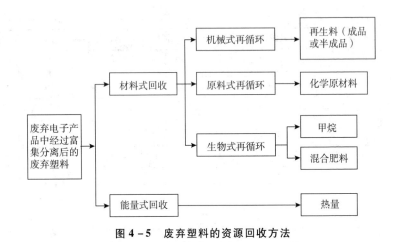

图 4-5 废弃塑料的资源回收方法

为"新料",称再生料为"回料"。

1. 材料式回收

机械式再循环是使用一定工艺加工经过富集分离后的塑料回收料,制得新产品的过程。机械式(物理)再循环比较适用于大型家电、通信设备中的主要塑料,以及材料单一的塑料回收。主要形式为直接再生利用和改性再生利用。废旧塑料的直接利用不需要进行各种改性,而是直接将回收塑料经过清洗、塑化、加工成制品,或与新料以一定比例掺混使用。这种方法得到的材料一般都降级使用,或用于其他低档产品。通过各种改性方法实现废弃塑料合金化、复合化,废弃塑料合金及其复合材料的高性能化,使回收塑料的力学性能达到或者接近新料的水平,可以替代新料使用。因此,改性再生利用是废弃塑料回收利用的理想方法,符合节约资源、持续发展的科学发展观。例如废弃塑料聚乙烯、聚丙烯、聚氯乙烯、聚苯乙烯和木粉等复合生产的木塑复合材料发展很快。又如以废弃光盘（PC）为原料，加入少量 ABS 树脂及必要的助剂进行合金化改进，可得到性能优异的 PC/ABS 合金。

原料式再循环是利用化学试剂，通过热解、水解等作用使废旧塑料分级生成单体或化学原料，从而获得有使用价值的产品并加以回用的过程。如电冰箱中回收的发泡聚氨酯绝热材料通过分解，使其再生为原料的组成成分——多元醇。但该法在分解和重新合成过程中需要消耗大量能源，同时产生污染。

生物式再循环是在可控条件下采用微生物对可生物降解的废弃塑料进行有氧或厌氧处理，在有氧条件下产生稳定的残余有机物、二氧化碳和水，或在无氧条件下生成稳定的残余有机物、甲烷和水。对可生物降解的废弃塑料进行有机式再循环或生物式再循环是切实可行的。在分离非生物降解的污染物后，将对这些塑料进行有氧或无氧分解处理。这种回收依赖的是自然生物降解，因而对环保十分有益。

2. 能量式回收

能量式回收是将废弃塑料直接燃烧或与其他共同燃烧回收能量的过程。能量回收预处理简单，废弃物减量明显，适合于处理难以分拣的混杂型塑料件。塑料的燃烧热值高于煤，而且硫化物少，因此，将其作为替代燃料用于水泥回转窑、火力电厂、冶炼等场合，可减少化石燃料的消耗，减少温室气体二氧化碳的排放量。如将电冰箱等废旧家电破碎、分类后产生的塑料粉末挤压造粒成型，还可制成衍生燃料。

能量式回收废弃塑料技术要求严格，设备投资较高，整个系统必须考虑固体残渣、废水、废气、重金属和设备腐蚀问题，以满足生产和法律法规要求。而且由于塑料的降解会产生大量有毒有害物质，对大气环境造成二次污染，例如阻燃塑料焚烧时会产生二噁英等，因此会对环境造成严重的污染，同时，焚烧法还存在着投资大、设备损耗和维修运转费用高等问题。

三 废弃电子产品中的废金属资源循环

我国《废旧电器电子产品废金属回收处理管理条例》已于 2011 年起实施，废金属的回收处理已得到期盼已久的法律规范。电子垃圾废金属回收再利用行业必是一片待开发的"处女地"，未来"钱"景十分看好。日本横滨金属有限公司的研究认为，从 1 吨废弃手机中，能提取至少 150 克黄金、100 千克铜和 3 千克银，而从金矿中采出的每吨矿石平均只能提取约 5 克黄金。目前，我国对废弃电子产品中的金属进行资源化回收的重点是回收其中的金、银、钯等贵金属及铜等贱金属。

一般来说，废弃电子产品中金属的回收过程比较复杂，通常是先对废弃电子产品通过机械物理法进行拆解、粉碎和分选，此阶段是利用金属与非金属之间的密度、导电性、磁性和粒度等物理性质的差异进行金属富集体的回收，最终得到金属富集体和非金属的混合物，然后对得到的金属富集体进行火法和湿法冶金，回收其中的铜（Cu）、金（Au）、银（Ag）、铂（Pt）、钯（Pd）等金属。图 4 - 6 是瑞典 Boliden 公司和加拿大 Noranda 公司针对含贵金属的废弃电子产品的回收流程（张伟刚等，2006）。

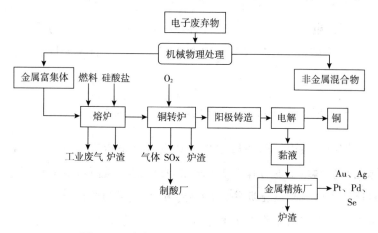

图 4 – 6 含贵金属的废弃电子产品回收流程

第六节 废弃电子产品资源化共生
网络运营风险分析

通过以上分析可以发现，废弃电子产品资源化共生网络并非完美无缺，由其构建模式、形成路径和结构模式决定，网络运营过程中存在一定的关系风险和结构风险。图 4 – 7 为废弃电子产品资源化共生网络中的共生合作企业间物资流和资金流

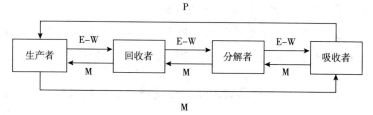

P: 生产 E–W: 废弃电子产品 M: 资金

图 4 – 7 废弃电子产品资源化共生网络物流和资金流简单模型

的简单模型，其中废弃电子产品生产者、废弃电子产品回收者、废弃电子产品分解者、废弃电子产品吸收者之间的平等合作关系是建立在各参与方之间物资流和资金流的平衡畅通的基础之上。

一 废弃电子产品资源化共生网络中的关系风险

按照风险内涵的一般定义，关系风险是指废弃电子产品资源化共生网络中的合作双方因缺乏必要的沟通而造成的信任危机所产生的风险（王兆华，2002）。产生关系风险的源头主要有两个：一是在共生企业的相互关系中，竞争地位的失衡可能会破坏合作双方的平等交流与协作；二是共生网络中收益不完全对称，从而阻碍企业间的共生合作。在实际的共生网络关系中，共生网络成员间的理性不合作和非理性不合作都会产生这种风险。所谓理性的不合作，是指共生网络成员为追求自身利益最大化而采取的不合作行为。对单个成员来讲，这种机会主义行为（理性的不合作）可能是有利的，但对整个共生网络来说，可能会给整个共生网络带来致命的损害。而非理性的不合作则主要是在双方合作过程中，由于信息传递的扭曲或放大，信息的不完全对称，或是由于市场的变化，致使一方无法采取合作行为等，其不一定与追求个体利益有关。

总之，废弃电子产品资源化共生网络在成员的关系方面存在着一定的不稳定因素，这些不稳定可能导致共生网络破裂的风险。

二 废弃电子产品资源化共生网络中的结构风险

由于工业共生网络的形成路径和结构特点，其运作过程的稳定性受到很大的挑战（王兆华，2002）。在废弃电子产品资源化共生网络中，当关键（核心）企业改变生产方式，或者只是一个普通网络成员终止它的业务，那么就可能造成废弃电子产品原料数量不足或者过剩，从而造成整个共生网络系统的不稳定。如果共生产业链的上、中、下游各环节没有备选的生产者企业与消费者企业，就会使共生网络变得十分脆弱。另外，为了维持共生网络系统的完整性和稳定性，个别网络成员有时可能会承受高额的成本，经济上存在不合理性，从而影响共生网络的长期稳定和安全。因此，在共生网络运作过程中，为了提高共生网络的稳定性，降低以上因素对共生网络稳定性的影响，除了在薄弱环节不断引入相关企业，以增加其冗余度和共生网络复杂性外，共生网络成员还应相互合作，建立合理的共生网络保障协议和稳定的信誉机制，共同承担起维护共生网络安全的责任。

尽管废弃电子产品资源化共生网络因成员关系会产生一定的风险性，在运作过程中还存在一定的结构性障碍因素，但它仍具有一定的不可比拟的优越性。废弃电子产品回收处理企业不应仅因为管理困难和共生网络组织的风险就轻易放弃这一战略选择，关键的问题在于废弃电子产品资源化共生网络可以提高资源的利用效率和环境绩效，使企业在合作过程中获得经济效益。因此，建立废弃电子产品资源化共生网络仍是实现废弃电子产品资源化产业可持续发展的一种可行的选择。

第七节　本章小结

生态共生产业链是废弃电子产品资源化共生网络运作的基础，本章模仿自然生态系统中的生产者、消费者和分解者，构建了废弃电子产品资源化生态共生产业链结构模型，并从价值链角度分析了其中的资源流动。基于共生产业链的设计和共生模式的分析，综合国外先进的处理经验和模式，结合我国废弃电子产品回收处理现状，提出了适合我国国情的三种共生网络构建模式：政府主导型、市场自主型、政府与市场互动型。在此基础上，结合各国工业共生网络运作模式，提出了三种废弃电子产品资源化共生网络的运作模式：依托型废弃电子产品资源化共生网络、平等型废弃电子产品资源化共生网络、嵌套型废弃电子产品资源化共生网络。并结合实际对废弃电子产品资源化共生网络内的资源循环和管理，对共生网络运作过程中存在的关系风险和结构风险进行了分析，认为为了保障共生网络的稳定性，必须对其进行治理和维护。

第五章
废弃电子产品资源化逆向物流

在废弃电子产品逆向物流的虚拟共生网络运营模式框架下，对其运营流程进行分析和优化，运用流程管理方法和技术可以对虚拟共生网络中的成员企业进行有效组织和管理。通过对业务流程进行规范化的定义，所有的活动均按照流程所规定的逻辑关系、实现方式进行执行，使得所有活动具有更好的有序性和可控性；通过明确运作流程，成员企业可以迅速融入虚拟共生网络之中，有效提高整个共生网络的效率；对共生网络流程的明确和优化，可以关注每个活动的结果，使企业在运营过程中的所有活动均能得到有效的控制，保障了虚拟共生网络中成员企业合作的稳定性和安全性。

第一节　基于补贴的多级逆向物流网络

逆向物流是相对于传统的正向物流而言的，它包括正向物流中的库存和运输，但它更强调从消费者手中回收使用过的、过时的、损坏的或不满意的产品及包装的流程，而不是将产品送到消费者手中，因此，逆向物流也是正向物流的补充与扩展。面对有限的资源和废弃物处理能力，逆向物流可以有效实现资源的优化利用、环境保护和经济持续发展等综合目标。

目前，逆向物流被广泛应用于废弃电子产品、家电产品及汽车等众多旧产品的回收与利用，它曾经一直被看作一项必须支付的成本、一种必须履行的义务或"绿色"使命等，但是现在很多企业已经把它看作一项能提高企业竞争力的决策活动。在美国、德国、澳大利亚等物流业发达的国家，更多的制造企业意识到应将逆向物流纳入企业发展的战略规划中，使之成为新的压缩成本、提高利润的着眼点。同时，也有很多大型第三方物流企业关注逆向物流所带来的商业价值空间。企业通过废旧品的回收与再利用，不仅可以提升企业的"环保"形象，改善企业与消费者的关系，还可以节约生产成本、减少物料消耗、挖掘废旧品中残留的价值，直接增加企业的经济收益。

在逆向物流的研究中，网络结构的设计和回收模式是目前研究的两大热点①，现有的研究将这两个问题单独考虑，本章将这两个问题综合起来，并在回收物品数量随机不确定性的基础上建立一个混合整数规划决策模型。

在大型消费区废旧物品的回收和处理方面，为有效控制物品回收成本，提高物品回收效率，可依据消费群分布，建立多个回收中心。废旧物品在回收中心进行分类、检测等初步处理，将有利用价值的废旧物品运往再处理中心进行加工、再制造等操作，另一部分进行彻底的报废处理（见图5-1）。在逆向物流的实际运作中，有些厂商回收废旧物品的费用（包括运输费、丢弃费、再处理设施的建造费、设备费等）是很高的，因此厂

---

① 国家环境保护总局令〔第40号〕，《电子废物污染环境防治管理办法》，第五章附则第二十五条。

商未必愿意回收所有的废旧产品。另一方面，从环境保护和资源再利用的角度来说，政府及相关法律要求厂商的回收率至少要达到一定的比例。因此，政府有必要对这类回收成本较高的厂商给予经济上的扶持或鼓励。本章假设厂商每回收一单位的废旧产品，政府就给予一定量的补贴（王一宁，2007）。

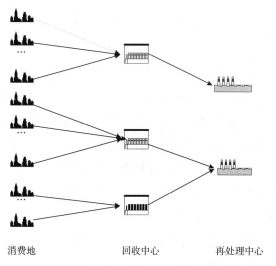

消费地　　　　　　　回收中心　　　　　　再处理中心

图 5 - 1　废旧物品回收逆向物流网络

近几年来，国内外许多学者对逆向物流的优化设计做了大量研究。Jayaraman 等（2003）对逆向物流网络选址问题进行了研究。Lu 等（2007）提出了一个双层再处理逆向物流网络的设施选址问题，它将逆向物流与正向物流有机地联系起来，并建立一个 MILP 模型。该模型在假设再制造产品与新产品同质可二次销售的基础上，用 Lagrangian 松弛算法求解，得到了反映二者之间数量关系的结果。Aras 等（2008）基于运输距离和财政补贴，给出了一单级废旧品回收的逆向物流网络设计方法，并以综合成本最低给出最优的补贴策略。本章以 Cote 等（1997）的研究为基础，对其模型进行了扩充和完善，并在回收物品数量随机不确定性的基础上，建立一个基于补贴的多级逆向物流网络混合整数规划模型，采用遗传算法求解。

一 模型的定义

为了分析和说明问题，这里先做如下假设。

（1）有多个备选地址可供建立回收中心和再处理中心；

（2）运输车辆足够多，可完全满足运输任务；

（3）如果给予一定的补贴，消费者愿意将废旧物品回收，设此补贴服从区间 $[a_l, b_l]$ 上的均匀分布（王灵梅，2004），并设回收的数量与补贴的额度成正比关系；

（4）单位运输费用与运输距离呈线性正比关系。

基于以上假设，下面定义模型中的参数及决策变量。

参数：

i 为废旧物品的消费收集地（$i = 1, 2, \cdots, I$）；

j 为回收中心的备选地址（$j = 1, 2, \cdots, J$）；

k 为再处理中心的备选地址（$k = 1, 2, \cdots, K$）；

l 为废旧物品的类型（$l = 1, 2, \cdots, L$）；

f_j^C 为建立回收中心所需要投入的固定成本；

f_k^R 为建立再处理中心所需要投入的固定成本；

d_{ij} 为从收集地 i 到回收中心 j 的距离；

d_{jk} 为从回收中心 j 到再处理中心 k 的距离；

h 为废旧物品的单位运输成本；

R_l^0 为类型 l 的废旧物品的单位补贴收益；

R_l^C 为类型 l 的废旧物品的单位补贴成本；

Q_{ijl} 为回收中心 j 从收集地 i 收集的类型为 l 的废旧物品的数量,其表达式为:

$$Q_{ijl} = \begin{cases} Q_{ijl}^S & R_l^C < hd_{ij} + a_l \\ Q_{ijl}^S + \dfrac{R_l^C - hd_{ij} - a_l}{b_l - a_l} Q_{ijl}^H & hd_{ij} + a_l \leqslant R_l^C < hd_{ij} + b_l \\ Q_{ijl}^H & R_l^C \geqslant hd_{ij} + b_l \end{cases}$$

这里的 Q_{ijl}^S 是不需要补贴的基本回收量, Q_{ijl}^H 是总回收量, Q_{jk} 为从回收中心 j 到再处理中心 k 废旧物品的量,并且 $Q_{jk} = \sum\limits_{i=1}^{I} \sum\limits_{l=1}^{L} Q_{ijl}$。

决策变量:

$$x_j = \begin{cases} 1 & \text{在备选地址 } j \text{ 处建立回收中心} \\ 0 & \text{其他} \end{cases}$$

$$Z_k = \begin{cases} 1 & \text{在备选地址 } k \text{ 处建立再处理中心} \\ 0 & \text{其他} \end{cases}$$

二 模型的建立

目标函数

$$\min Z = \sum_{j=1}^{J} f_j^C x_j + \sum_{k=1}^{K} f_j^C z_k + \sum_{k=1}^{K} \sum_{j=1}^{J} hd_{jk} Q_{jk} + \sum_{l=1}^{L} \sum_{j=1}^{J} \sum_{i=1}^{I} R_l^C Q_{ijl}$$
$$+ \sum_{j=1}^{J} \sum_{i=1}^{I} \sum_{l=1}^{L} hd_{ij} Q_{ijl} \qquad (5-1)$$

满足约束条件:

$$x_j \in \{0,1\}, \quad \forall j \qquad (5-2)$$
$$z_k \in \{0,1\}, \quad \forall k \qquad (5-3)$$

$$\sum_{j=1}^{J} x_j \leqslant J \tag{5-4}$$

$$\sum_{k=1}^{K} z_k \leqslant K \tag{5-5}$$

$$a_l \leqslant R_l^c \leqslant R_l^o \tag{5-6}$$

目标函数（5-1）表示基于总成本最小，约束条件（5-2）与（5-3）规定了决策变量的取值范围，约束条件（5-4）和（5-5）限制了回收中心和再处理中心备选地址的数量，约束条件（5-6）保证了补贴成本 R_l^c 的取值范围。

三 模型求解

上述模型是一个典型的混合整数规划模型，属于 NP-hard 问题，一般很难求得其精确解，本章采用遗传算法来求得其近似解。遗传算法（孙颖，2006）可提供求解复杂优化问题的通用框架，它不依赖于问题的具体领域，对问题的种类有很强的鲁棒性。

（1）染色体编码：决策变量 x_j 和 z_k 采用一维二进制编码方案。

（2）适应性函数的确定：适应性函数设计为一个适当的常数 C 与式（5-1）中目标函数 f 的比值，即 fitness = C/f。

（3）遗传算子：交叉算子和变异算子都采用单点操作，按交叉率和变异率来决定是否交叉和变异。

（4）选择策略：采用轮盘赌选择法和最佳保留策略。

（5）终止条件：判断条件为最大终止迭代或平均适应度值之比小于误差精度 δ。

四 仿真算例

现就某地区的废旧空调（$l=1$）和电脑（$l=2$）进行回收

和再处理，其回收中心和再处理中心的候选位置及容量见表
5-1。

表5-1　仿真算例数据

回收中心的候选地址			再处理中心的候选地址		
编号	坐标	容量（台）	编号	坐标	
1	(37, 56)	20000	1	(150, 130)	100000
2	(46, 81)	20000	2	(76, 18)	100000
3	(127, 102)	30000	3	(85, 232)	150000
4	(24, 35)	15000	4	(124, 35)	100000
5	(115, 97)	25000			
6	(54, 38)	25000			
7	(73, 48)	15000			

设废旧空调及电脑的补贴区间的均匀分布为 [200, 500]
（元）和 [300, 600]（元），每个回收中心和再处理中心的固定
投资费用分别为 20 万元和 150 万元，现采用 PIV 处理器运行计
算。在候选回收中心地址中，最终确定编号为回收中心的地址；
在候选再处理中心地址中，最终确定编号为再处理中心的地址。
每台废旧空调的最优补贴为 292 元，每台废旧电脑的最优补贴
为 416 元，总的最优成本为 8.4×10^6 元。

第二节　废弃电子产品逆向物流流程设计

一　废弃电子产品逆向物流流程设计原则

废弃电子产品逆向物流的虚拟共生网络是个闭合的系统，
在整个系统中，资源一直进行循环流动，体现出生态性的要求。

要想从废弃电子产品的回收处理中获得高额经济回报，必须对其进行高附加值处理，将其所含的金属、塑料、稀有元素等物质进行分解和提纯，这要求废弃电子产品回收处理企业具有先进的回收处理技术和设备。另外，虚拟共生网络中企业间的伙伴关系是一种针对市场机遇的暂时性的合作行为，当市场机遇消失，企业间的这种关系也会中止。虚拟共生网络中企业间的业务合作涉及其自身与各方面的关系，所以企业在考虑成本和服务之外，还必须考虑环境、社会等诸多因素。此外，在原材料的供应或废弃电子产品的收集过程中，其数量、质量、时间等具有很大的不确定性，而且其供求状态往往难以匹配。针对上述废弃电子产品逆向物流虚拟共生网络的特点，对运营流程的设计应遵循以下原则。

1. 战略运营原则

虚拟共生网络的运营应从战略高度进行规划，将各成员企业的战略相互联系在企业之间形成战略联盟，使成员企业在产品链或营销渠道上结成紧密的伙伴关系，从而促进逆向物流的整体性和协调性。

2. 整合原则

对成员企业的物流活动进行统一的集中化管理，将所有与逆向物流有关的活动集中于统一的管理模式中，以更高效地进行决策；对需求和供应信息进行充分整合，不仅要在交换数据的微观层面上进行，更要利用信息技术在宏观层面上提供决策支持。

3. 可持续发展原则

对废弃电子产品的回收利用，其目的是对物料的流动实现封闭循环管理，在减少污染排放和剩余废物的同时，降低运营成本。因此，逆向物流的设计应考虑可持续发展的要求。此外，还需要用可持续发展的标准对虚拟共生网络中的成员企业进行监督，采用增加额外选择标准的方法来挑选符合可持续发展的企业。

4. 经济利益最大化原则

获得经济效益是企业有效运营的目的之一，使企业实现经济利益的最大化是维持虚拟共生网络有效运营的最好手段。通过对虚拟网络内部成员企业的整合与管理，在实现物料循环使用和信息资源共享的基础之上，实现各成员企业最大的经济利益。

二　废弃电子产品逆向物流运营流程

由于废弃电子产品含有大量的有毒有害物质，对其进行回收不仅能够减少对环境的污染和危害，而且通过进一步的资源化利用，还可以有效解决我国资源紧缺的问题。但是，目前我国对废弃电子产品的逆向物流的研究仍处于起步阶段，相关的实践、立法和理论创新仍然有很大空间。本章通过将虚拟共生网络引入废弃电子产品的回收处理之中，建立了基于虚拟共生网络的废弃电子产品逆向物流运营模式，可以有效解决在废弃电子产品的资源化利用中存在的一些问题和困难。业务流程再造（Business Process Reengineering，BPR）的实质是对组织的一种系统变革，其核心领域为业务流程，其根本目标就是对被专业分工和官僚体制分割得支离破碎的流程进行重新设计和再造。BPR强调整体功能大于部分功能之和，继承了工作丰富论对分工论的批判。因此，将BPR的思想引入到虚拟共生网络之中，在基于虚拟共生网络的废弃电子产品逆向物流运营模式的基础上，对整个虚拟共生网络进行流程的重组和优化，提高成员企业的柔性化运作，使其能够更好地将自身融合到虚拟共生网络之中，从而整体提高虚拟共生网络的绩效，实现其有效运行。

根据业务流程再造的思想，对于废弃电子产品的逆向物流共生网络运营流程的构建，其出发点是市场机遇，只有在企业面对市场机遇时，企业间的虚拟共生网络才会自发组成。根据基于虚拟共生网络的废弃电子产品逆向物流的运营模式框架，以企业的经济效益为主要目的，放弃不适宜的原则和传统企业所在地域的束缚，对其进行根本上的重新设计，建立一个全新的流程及相应的组织结构和运行机制。这种组织机构以实现经济效益、环境效益和社会效益为主要目标，以资源的循环利用为手段，通过对其运营流程的设计和改进以提高工作效率。

在逆向物流共生网络中，废弃电子产品回收处理企业、个体消费者、政府或协会首先在信息平台上发布各种信息，企业通过信息平台获取信息，并自发结盟。企业结盟之后，通过政府或协会的管理，从立项开始，进行虚拟共生网络的组织结构设计。建立虚拟共生网络的基础是为把握市场机遇所应有的产品过程和为完成产品过程所应有的项目，各企业主要通过项目参与虚拟共生网络。因此，首先要根据产品过程和伙伴合作的参与程度进行项目定义，明确虚拟共生网络的成员企业在该项目中承担的责任和义务；在组织结构设计过程中，通过信息平台交互作用，可以使成员企业之间充分协商，依据前面定义的项目，使不同企业参与该项目；在以上工作完成之后，就可以按照组织设计方案进行虚拟共生网络的实际运营工作；此次结盟任务完成之后，虚拟共生网络自动解体，再通过在信息平台上发布信息获取合作机会（见图 5-2）。

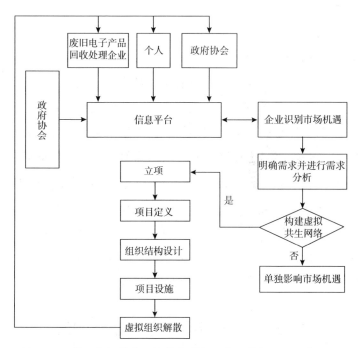

图 5-2　基于虚拟共生网络的废弃电子产品逆向物流运营流程

三　基于虚拟共生网络的废弃电子产品逆向物流运营流程的特点

由于虚拟共生网络涉及诸多企业间的联合运营，具有地域分散、资源共享等特点，所以对其业务流程及业务流程所涉及的组织、资源和信息等方面都有实时更新的要求，因此，基于虚拟共生网络所构建的废弃电子产品逆向物流的运营流程应具备以下特点。

1. 组织的柔性化

虚拟共生网络的组织结构能够根据目标和环境的变化进行组合，动态地调整其组织结构。当市场机遇来临时，企业间能够形成稳固的联盟；市场机遇消失时，这种联盟可以自动解体，即组织可以实现柔性化的运作。

2. 资源的灵活共享

企业通过在对其自身拥有的资源做出正确识别、统计的基础上，建立资源与资源间松散、灵活的映射机制，并最终利用这种映射机制与企业的组织结构、流程联系起来，形成资源能力。企业还需要把这种资源能力以正确的方式准确地向外界表达，以便于其他企业通过虚拟共生网络进行查询、评估和决策。

3. 信息技术的有力支持

在虚拟共生网络中通过建立信息平台支持企业间的相关业务流程。该信息平台不仅能够集成成员企业内部流程，而且有助于整个虚拟共生网络内部的企业进行交互和集成。

第三节　废弃电子产品逆向物流运营模式的构建

一　废弃电子产品逆向物流运营模式的构建思路

由于废弃电子产品逆向物流有其自身的特点，如社会性、复杂性和经济回报缓慢性等，并且其运营涉及企业、消费者与政府等各方面的利益，因此选择适宜的运营模式不仅可以减少运营成本、提高运营效率，而且可以极大地提高社会效益。根据我国废弃电子产品回收利用的主要形式和主要特点，引入共生网络的思想来解决废弃电子产品资源化的问题是可行的。建立共生网络的最终目标是将资源最大限度地利用。由于共生网络具有整体性、生态性、开放性、动态性等特点，这种基于虚拟共生网络的废弃电子产品逆向物流的运营模式依据废弃电子产品污染性和资源性并存的特点，通过整体运营而产生"共生效益"，并结合虚拟共生网络中资源的循环利用和灵活的运作方式，从而实现经济效益、环境效益和社会效益的最优化。虚拟共生网络突破了传统的地理界限和具体的实物交流，借助于现代信息技术手段，用信息流连接价值流，建立开放式动态联盟，其组建和运营的动力来自多样化、柔性化的市场需求，以市场价值的实现作为目标，整个区域内的产业发展形成灵活的梯次结构，具有极强的适应性（Hicks et al., 2005）。同时，参加合作的企业还可以根据废弃电子产品中可用资源种类的不同，将各自核心能力优化组合，并在企业之间建立网络互为依托，充分发挥协同工作和优势互补的作用。

二　废弃电子产品逆向物流运营模式的构建步骤

本章所构建的基于虚拟共生网络的废弃电子产品逆向物流的运营模式主要通过将回收处理企业生产过程中产生的可用资源作为其他企业生产的原材料来实现资源的重复利用。它们从各自企业中挑选出开发新产品的优势部分，然后综合成一个单一的经营实体，即虚拟组织。该组织不受传统地理位置的限制，借助现代信息技术手段，通过信息流连接价值流，形成互利共赢的合作关系。当市场机遇消失，企业之间建立的共生关系自动解体。虚拟共生网络中的企业利用各自的特长实现优势组合，完成废弃电子产品的回收、资源化再开发、生产和销售的整个过程，通过虚拟共生网络来加强和提高组织的竞争实力。

建立废弃电子产品逆向物流运营模式的共生网络是一个复杂的过程，它不仅要适应市场变化，考虑原材料的成本，而且必须基于废弃电子产品回收处理的特点建立跨企业的多企业间的动态组织机构。建立这种虚拟共生网络，其最初动力来源于循环经济的理论因素和资源再利用所产生的经济效益、环境效益和社会效益。当企业发现并期望获得这种虚拟共生网络所带来的综合利益时，首先，应对其进行较详细的定义或描述，并明确建立企业间动态联盟的基本需求和主要经营目标，对所要建立的虚拟共生网络的实施战略和原则进行初步规划。其次，企业需要定义废弃电子产品回收处理流程，结合其资源化所需的经营过程，开发虚拟共生网络的经营过程视图，并在此基础上完成虚拟共生网络模型，完成流程规范化的计算，通过对这一模型进行更为直观深入的分析来确定其所需要的核心资源和能力。最后，当企业定义了废弃电子产品回收处理的运营过程和共生网络模型，并确定了核心能力资源后，就应进行内部分析，掌握企业的即时状态，以判定本企业是否有能力进行成功的运营。若不具备某些非关键因素，则企业可以通过购买、兼并或其他方式获得这些能力并加以集成；如果企业缺乏某种核心能力，但此种核心能力又是某特定经营机遇的关键因素，就需要寻求拥有该种能力的合作伙伴，以虚拟共生网络的形式来获取或共享该项核心能力。

三 基于虚拟共生网络的废弃电子产品逆向物流运营模式框架

基于虚拟共生网络的废弃电子产品逆向物流运营模式主要是通过虚拟组织进行废弃电子产品的回收、资源化、再开发、生产和销售等活动来实现的。在该虚拟共生网络中的企业为了赢得某一机遇性市场竞争，通过与其他企业的合作，把废弃电

子产品回收处理企业生产过程中产生的可用资源作为本企业的
生产原材料加以利用，其他企业在此基础之上开发新的复杂产
品。在整个整合过程中，它们从各自企业中挑选出研发新产品
所最具优势的部分，然后整合成一个积聚大量优势的综合经营
实体，即虚拟组织（见图 5 - 3）。

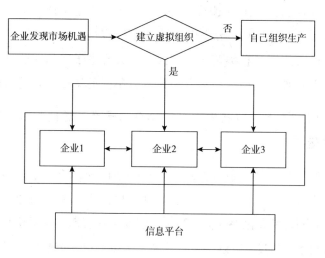

图 5 - 3 基于虚拟共生网络的废弃电子产品逆向物流运营模式框架

基于虚拟共生网络的废弃电子产品逆向物流运营模式具有
以下特点。①业务专业化。共生网络中的企业只参与其具有核
心能力部分的运营活动，而把其他的不具优势部分的活动移交
给具有这方面优势的企业去做，因此企业的专业化优势会越来
越深化。②组织的虚拟性。本章所构建的虚拟共生网络中，企
业的功能往往与部门分离，即企业虽然表面上类似于传统企
业，具有设计、生产、营销等功能，但却没有执行这些功能的
实体部门，而只是在各个企业内部建立掌握其核心功能的部
门，而把其他部门虚拟化，由外部力量来完成企业所需实现的

功能。③网络的动态性。虚拟共生网络中的企业与其他外部组织的联合或外包活动是一种暂时性的活动，当任务完成时，这种关系就即时结束。当然虚拟企业也可以根据情况的变化与不同的外部组织联合或将业务外包。④物理范围的分布广泛性。虚拟共生网络中的各成员企业在地理位置上没有限制，它们通过现代信息技术进行联系。此外，由于废弃电子产品的分布非常广泛，其供应的数量具有很大的不确定性，并且废弃电子产品中的可用资源种类繁多，因此，在废弃电子产品回收处理行业采取这种虚拟的组织运营模式具有很强的竞争力和适用性。

四 基于虚拟共生网络的废弃电子产品逆向物流运营模式的运行

废弃电子产品逆向物流的虚拟共生网络强调经济、环境、社会的协调发展，注重经济利益、环境利益、社会利益并重，以实现三者利益最大化为目标。第一，它要求在资源利用最优化利用的前提下，通过上下游企业的协调，为废弃电子产品的资源化提供的资金支持、资源支持、人力支持、技术支持等将有效解决目前存在的就业、环境、资源与经济发展之间的矛盾。第二，与传统的运营模式相比，基于虚拟共生网络的废弃电子产品逆向物流的运营模式充分利用了现代通信技术手段，突破了传统的地理界限和具体的实物交流，具有非常强的竞争力和适用性，是未来发展的方向。第三，虚拟共生网络的构建过程需要企业、政府、社会等多方面的重视和支持，如果没有这些支持与合作，此种运营模式的初期建设往往举步维艰，很难得到有效的发展。实现基于虚拟共生网络的废弃电子产品逆向物流的运营模式主要涉及两方面工作：企业组织方面和技术方面。

1. 企业组织方面

基于虚拟共生网络的废弃电子产品的再生利用不等同于污染治理，后者只侧重于环境效益，而忽视了企业的经济效益。如果简单地把废弃电子产品逆向物流的共生网络等同于循环利用、废物利用，这种只注重形式不重内涵的做法违背了共生网络的整体性原则。首先，虚拟共生网络的运营模式是建立在循环经济学和生态工业学的基础上的，其最终目的是通过循环利用和废物资源化来实现物质减量化的目标。盲目地注重形式而忽视内涵的做法虽然降低了废弃物的产生，但是无法提升企业的经济效益，这显然有违建立虚拟共生网络运营模式的初衷。其次，在虚拟共生网络之中，任何企业的经营活动都可能受到相关成员的制约和供应链的影响，一旦一家企业生产不能进行，则可能波及上下游企业甚至整个虚拟共生网络的稳定和发展。这就需要企业之间提高运作的柔性化程度，这不仅要体现在产品选择的柔性化上，也要体现在所采用的科学技术和采购方针上。再次，虚拟共生网络的构建需要企业、政府、社会等各方面的重视和参与，如果没有这些支持与合作，此种运营模式的发展就无从谈起。虚拟共生网络的运营需要通过企业间的合作产生"共生效益"，但虚拟共生网络中的各企业由于追求个人利益，可能会产生理性的不合作行为，影响虚拟共生网络的正常运营。这就需要管理部门加强沟通与合作，保证在整体利益提高的同时，个人利益达到最优（Sinha - Khetriwal and Kraeuchi, 2005）。最后，建立废弃电子产品回收利用的共生系统，还存在诸多其他的特殊障碍，如法律滞后、管理障碍、观念障碍等。所以在实现废弃电子产品资源化道路上，我们仍有很长一段路要走。

2. 技术方面

共生网络的建立与运作需要依靠多种先进的科学技术，尤其是信息通信技术。主要包括以下几方面。①并行工程技术。并行工程提供了集成化的产品与过程开发技术。它主要通过将产品开发及其相关过程设计成同步并行的流程以有效减少资源消耗，其中异地设计、异地制造、多功能项目组等理念与虚拟共生网络有着很好的契合点。②计算机集成制造技术（CIM）。CIM 技术通过信息集成对企业内部技术、组织、人员、资金进行了全面优化整合，极大地提高了企业的自动化和灵活性程度，为虚拟共生网络所要求的灵活性生产过程打下了坚实的基础。③计算机网络通信技术。由于虚拟共生网络是跨企业、跨地区的全球企业组织方式，稳定可靠的计算机网络通信技术显然是必不可少的。④电子数据交换标准化（EDI）。由于地域和技术水平的差异，不同企业的信息化程度有很大的差异，并且数据的标准也存在很大差异。通过 EDI 标准化可以使不同企业的信息交换遵循相同的规范要求，这在为虚拟共生网络规范性奠定基础的同时，也为以后的扩展埋下了伏笔。⑤模型与仿真技术。对于虚拟组织的产品过程进行建模和仿真，采用基于仿真的产品设计和制造方法对虚拟组织而言是十分必要的。此外，数据库技术、计算机集成框架和集成平台、决策支持系统、人机工程评估等项技术均是构成虚拟共生网络的信息技术基础（Stevels and Ram, 1999）。

第四节　废弃电子产品逆向物流运营流程的运行及评价

一　废弃电子产品逆向物流运营流程的运行

在虚拟共生网络中，企业之间的合作不仅打破了地域的限制，而且也具有暂时性的特点。这在应对市场机遇做出灵活反应和实现快速交货等方面显然具有很大的优势，但是在具体的实施过程中也需要注意一些问题。

在基于虚拟共生网络的废弃电子产品逆向物流的运营流程中，虚拟共生网络中的成员企业间需要共享一些必要的资源和信息，其中包括企业的基本信息、资源能力信息、产品信息、制造信息等。虚拟共生网络为了满足成员企业选择合作伙伴及进一步与其进行业务合作的需要，也应提供或协助企业获得以上信息。但上述信息可能涉及企业机密，无法在任何时候对所有企业进行开放。所以，虚拟共生网络中企业信息的发布必须要区分对象和选择时机。此外，在虚拟共生网络的运营流程过程中，在信息资源的共享方面，还需要支持成员企业之间动态信息的交互。

虚拟共生网络中企业间是跨区域的合作，需要对成员企业进行跨文化的管理和沟通，也需要对成员企业进行合理的利益和风险的分配。所以，在虚拟共生网络中有必要引入政府或协会等第三方机构对其进行管理和控制，以便更加客观合理地平衡合作双方的利益和风险，更好地对虚拟共生网络进行整合，对运营流程进行合构。

虽然企业大多有具备自身的信息系统，但为众多企业服务的虚拟共生网络的信息平台应由独立的第三方实施。在虚拟共生网络达到一定规模前，对企业的吸引力显然有限，所以，虚拟共生网络运营流程有效实施的关键是如何快速地突破规模临界值，激发企业加入虚拟共生网络的动力。本书认为可以从以下方面入手。①在初期免费或以优惠的价格为企业提供服务，等系统达到一定规模后再提高服务价格；②通过政府或行业协会的支持，为虚拟共生网络中的企业提供更好的发展空间和交流平台；③保证虚拟共生网络中企业信息的真实可靠性和安全性，可以通过实施一定的惩罚机制来对不诚信的企业进行约束。

约束理论（Theory of Constraints，TOC）是关于进行改进和如何最好地实施这些改进的一套管理理念和管理原则。它可以帮助企业识别出在实现目标的过程中存在着哪些制约因素——TOC 称之为"约束"，并进一步指出如何实施必要的改进来消除这些约束，从而更有效地实现企业目标（Bartolomeo et al.，2003）。约束理论最先由 Goldratt 和 Cox 提出，并迅速在业界得到广泛的回应（Barba - Gutiérre，2008）。Jones 和 Dugdale 指出约束理论的主要贡献是将对系统的局部评价与企业赢利的整体评价相结合，并提出了系统的逻辑思维程序（Ahluwalia and Nema，2007）。张景原将约束理论应用于供应链生产/分销整合决策模型中（Kang and Schoenung，2006）。

由于废弃电子产品中含有大量的有毒有害物质，对其合理的回收不仅能够减少对环境的污染和危害，并且通过对其资源化利用还可以有效解决我国资源紧缺的问题。但是，我国在废弃电子产品的逆向物流问题上，小商小贩一直处于主导地位。他们单纯地以实现个人利益最大化为动机，对其回收的废弃电子产品进行低附加值的加工处理，不仅对环境造成了很大危害，对资源也是很大的浪费。目前，虽然我国也尝试创办了一些回收处理企业，实施了废旧电器以旧换新的政策，但由于废弃电子产品的资源化利用存在着工艺技术要求高、回收困难、二次开发的产品销路不佳等问题，因此，该行业的发展一直处于尴尬的局面。通过将虚拟共生网络引入废弃电子产品的回收处理，可以有效解决在废弃电子产品的资源化利用上存在的一些问题和困难。然而，在虚拟共生网络的实际运营过程中，也不可避免地存在一系列问题，带来了管理控制上的困难（刘博洋，2007）。解决问题的途径之一是找出约束虚拟共生网络有效运营的瓶颈环节，对这些环节进行改进和优化，并提高成员企业的柔性化运作，使其能够更好地将自身融合到虚拟共生网络之中，从而整体提高虚拟共生网络的绩效，实现其有效运行。约束理论认为，每个系统都至少受一个约束因素的支配，使其不能获得无限高水平的绩效。所以，通过寻找并改进虚拟共生网络中的最弱环节，使其与虚拟网络中其他部分同步，通过提高被约束环节的运作能力达到提高整个网络能力的目的是可行的。虚拟共生网络为了实现特定目标，从全球供应链上选取符合条件的企业，通过某种方式进行结合，即将约束理论应用于虚拟共生网络的运营流程评价过程中，这样可以有效解决运营过程中管理困难和缺乏效率等问题。

二　基于虚拟共生网络的废弃电子产品逆向物流评价流程

基于虚拟共生网络的废弃电子产品逆向物流评价流程是一个不断循环反复的过程，基于虚拟共生网络的废弃电子产品逆向物流评价流程见图5－4。

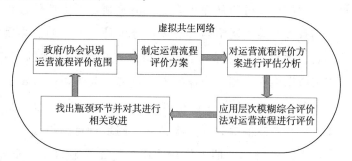

图5－4　基于虚拟共生网络的废弃电子产品逆向物流评价流程

具体步骤如下。

（1）把虚拟共生网络视为一个整体，对其流程进行识别并确定流程评价范围。

（2）根据运营流程评价的范围制定相应的流程评价方案，不同的评价范围相应的评价方案也应该不同。

（3）在实施方案之前，对于所制订的方案进行合理的评估分析。

（4）建立数学模型，对虚拟共生网络进行整体评估。通过引入评估指标体系对流程中的瓶颈环节进行查找。

（5）找到瓶颈环节，并对其进行进一步的分析，得出产生此瓶颈的原因以及解决方案。

政府/协会作为虚拟共生网络的管理部门，应当作为发起虚拟共生网络内流程分析的主体，并建立独立的评估机构。通过与各成员企业的沟通和资源共享，达到改进瓶颈环节、增强虚拟共生网络整体竞争力的目的。

三　评价指标体系构建及模型分析

在基于虚拟共生网络的废弃电子产品逆向物流流程分析中，通过对流程的评价分析从而正确地找出瓶颈是整个评价过程的重点。而且虚拟共生网络内部的评价分析是一个典型的多属性评价问题，评价指标体系中存在着许多难以精确描述的指标，所以本书应用层次模糊综合评价方法对其运营流程进行评价分析。由于是对虚拟共生网络的整体进行评估，政府/协会要把考虑的重点放在那些能综合考虑虚拟共生网络特点的指标上，那么，在虚拟共生网络中的评价指标体系的建立显得尤为重要。本书借鉴平衡计分卡的指标模式（刘小丽等，2005），把评价指标分为财务、成员企业关系、虚拟共生网络的管理及学习成长 4 个方面。在此基础上，对下层指标进行细化并建立一些相应的具体指标，以便获取评估数据。

在评价过程中，确定虚拟共生网络有效运营的瓶颈环节是最关键的步骤，确定瓶颈环节的层次模糊综合评价法的算法步骤如下（金志英等，2006）。

（1）评价指标集 $U = \{u_1, u_2, \cdots, u_n\}$，$u_i$ 表示评价指标（$i = 1, 2, \cdots, n$）。分为财务、成员企业关系、虚拟共生网络的管理及学习成长 4 个方面。

（2）评价等级集 $V = \{v_1, v_2, \cdots, v_m\}$，$v_j$ 表示评价等级（$j = 1, 2, \cdots, m$）。分为行业成本、经济效益、企业满意度、利益分配、风险担负、信息沟通、文化融合、柔性化改进等（见表 5 – 2）。

表 5 – 2　评价指标体系

总体绩效 U			
财　　务	成员企业关系	虚拟共生网络的管理	学习和成长
行业成本 经济效益	企业满意度	利益分配 风险担负 信息沟通	文化融合 柔性化改进

（3）权重集 $W = \{w_1, w_2, \cdots, w_n\}$，$w_i$ 表示因素 u_i 对因素集 U 的权重系数，$\sum w_i = 1$。

（4）确定模糊评价矩阵并计算。对被评事物逐个从每个因素 u_i（$i = 1, 2, \cdots, n$）上进行量化得到模糊关系矩阵 R（模糊关系矩阵 R 中第 j 行第 i 列元素 r_{ij} 表示某个被评事物从因素 u_i 来

看对 v_j 等级模糊子集的隶属度）。

$$R = \begin{bmatrix} r_{11} & r_{12} & \Lambda & r_{1m} \\ r_{21} & r_{22} & \Lambda & r_{2m} \\ \Lambda & \Lambda & \Lambda & \Lambda \\ r_{a1} & r_{a2} & \Lambda & r_{nm} \end{bmatrix}_{n \times m} \quad (5-7)$$

应用模糊矩阵的复合运算进行从 U 到 V 的模糊变换从而得到单因素模糊评价模型。

$$W \cdot R = (a_1, a_2, A, a_n) \begin{bmatrix} r_{11} & r_{12} & \Lambda & r_{1m} \\ r_{21} & r_{22} & \Lambda & r_{2m} \\ \Lambda & \Lambda & \Lambda & \Lambda \\ r_{n1} & r_{n2} & \Lambda & r_{nm} \end{bmatrix}$$

$$= (b_1, b_2, \Lambda, b_m) = B \quad (5-8)$$

对因素集 U 再做一次划分，得到二级模糊综合评价模型。

$$B_{综合} = W \cdot R = W \cdot \begin{bmatrix} B_1 \\ B_2 \\ M \\ B_n \end{bmatrix} \quad (5-9)$$

其中 $B_{综合}$ 为综合评价结果，W 为一级评价指标权重集，B_i 为因素 u_i 的模糊评价结果矩阵。

（5）确定评估值后，分析不同方面（财务、成员企业关系、虚拟共生网络的管理、学习成长）的评估值，最低的则为该虚拟共生网络的瓶颈环节。然后针对该瓶颈环节所涉及的成员企业内部进行进一步的分析和改进，改善后进行下一次的整体评估。

第五节　废弃电子产品逆向物流信息平台构建

基于虚拟共生网络的废弃电子产品逆向物流的信息平台是相对于传统的企业运营模式中各种资源处于"信息孤岛"状况而提出的。通过对企业的各种资源进行细分，并对其进行模块化管理，以处理和交换产品信息为目的，向相关企业提供信息服务。基于虚拟共生网络的废弃电子产品逆向物流运营模式的有效运营离不开对信息资源的充分利用，该信息平台搜集并整理与之相关的资源与信息，企业利用该平台提供的网络检索及优选的功能搜寻所需要的信息，并通过平台发布企业本身的相关信息。从某种程度上说，信息平台就是供需双方相互交流的平台，企业通过信息平台的沟通，突破了传统的地域限制，进而实现虚拟共生网络的有效运营。

一　基于虚拟共生网络的废弃电子产品逆向物流信息平台的构建目标

信息技术的飞速发展使得电子产品的生命周期越来越短，这使整个电子产品市场充满机遇，但也使得企业难以有足够的时间和资源进行业务流程重组和优化，难以进行废弃电子产品的资源化利用。因此，在相关企业之间构建基于虚拟共生网络的废弃电子产品逆向物流的运营模式，可以迎合社会需求短期化、多样化、个性化特点。并且此种运营模式能够进一步构建企业间相互沟通的信息平台，通过大量先进技术和成员企业的引进，部分废弃电子产品可以直接成为生产的原材料，对于企业、环境、社会三者的协调促进作用是显而易见的。

由于虚拟共生网络不受地域限制，并且具有整体性、生态性、开放性、动态性等特点（Nagurney and Toyasaki，2005），企业可以通过信息平台进行整合，并结合虚拟共生网络中资源的循环利用模式灵活地选择适应其自身发展的运作方式，实现企业效益、环境效益和社会效益的和谐发展。基于虚拟共生网络的废弃电子产品逆向物流的信息平台作为协调废弃电子产品回收处理的工具，能够帮助废弃电子产品回收处理企业通过互联网实现信息共享，从而打破企业内部的"信息孤岛"，优化网络中各成员企业的资源配置和相关业务流程。这不仅能够提高资源的利用效率，并且能够提高企业的经济效益，共生网络成员企业的信息交换见图 5 - 5。

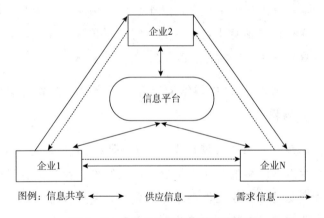

图 5 - 5　虚拟共生网络中的信息交换

基于虚拟共生网络的废弃电子产品逆向物流的信息平台主要实现以下目标。

（1）实现共生网络中各企业的信息共享和数据交换。

（2）提供合适的公共信息环境。

（3）实现共生网络中企业间信息交换的安全性。

（4）实现政府对逆向物流运作的可视化建设。

由于企业间所构成的虚拟共生网络在运行过程中需要具备开放性和及时性等特点，所以必须建立一个公开标准的信息平台，否则，由于各企业自身信息管理系统的差异，可能导致虚拟共生网络运作时存在信息传递、沟通等方面的瓶颈和障碍。因此，所构建的信息平台必须具有以下的特点。①开放性。由于虚拟共生网络本身动态性的特点，因此该信息平台必须具有不封闭性，能够与外界进行信息交换，这是一种开放式的信息系统。②兼容性。由于组成虚拟共生网络的各成员企业本身都有一套信息管理系统，因此信息平台应具有与不同信息管理系统相兼容的能力，可以实现企业相互之间的无缝连接。③及时性。企业间的信息交换要求能提供及时可靠的信息，信息的滞后将会影响共生网络所有成员企业的运作效率。④广泛全面性。由于虚拟共生网络的建立不仅要实现资源的最大化利用，同时也要实现虚拟共生网络中成员企业利益的最优化发展，这就要求对资源相关信息进行广泛的收集和全面深入的分析处理，从而最有效地利用资源。

二　信息平台的功能模块设计

如果将虚拟共生网络内的各企业看成一个个结点，那么联结这些结点的线段就是信息平台。通过互联网的应用，虚拟共生网络内部各成员企业之间可以进行物流信息的传递，使虚拟共生网络的运行成为可能。传统的信息平台以物流供应链为核心，实现供应链上所有企业的效益最大化，这种信息平台只涉及供应链中的成员企业一方。虚拟共生网络的目的是实现企业、环境、社会三者的最大效益，而由于企业在运营过程中，受市场经济规律和自身利益的驱使，将难以实现这一目标。因此，在基于虚拟共生网络的废弃电子产品逆向物流信息平台中引入政府作为资源和社会效益的代表，在平台中与企业进行协调沟通，可以实现三者效益的最大化。

根据平台中涉及的主体以及企业的信息数据需要，本章将信息平台划分为三大模块，分别为：管理模块、共享模块和私有模块（见图 5-6）。

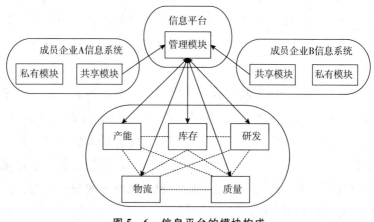

图 5-6   信息平台的模块构成

1. 管理模块

在基于虚拟共生网络的废弃电子产品逆向物流的信息平台中，管理模块主要由各级相关政府行政管理体系进行设计、建设、实施。该模块的主要功能应包括以下几点。

（1）废弃电子产品回收、再生、利用（销售）环节涉及的政策、法律、法规的完善和建设，为信息平台的运营提供管理体制构架和机制约束。

（2）行使行政、法律和经济的管理权限，确保废弃电子产品回收再生利用系统运营的规范性、合法性、公平性及环保性。

（3）负责协调信息平台中成员企业之间既竞争又协作的复杂关系，包括成员企业之间的身份确认、文化冲突、信任问题、绩效评价、利益分配及整个网络的风险管理等问题。

（4）发挥政府资源优势，深入分析企业效益、环境效益和社会效益并通过与企业的积极沟通，实现三者的最优发展。

2. 共享模块

共享模块包括各成员企业向虚拟共生网络的信息平台提供的自己核心能力的功能组件，如产能、库存、研发、物流、质量等。它们在管理模块的调控下协同运行，组成虚拟共生网络的信息平台。当市场机遇来临时，共享模块与成员企业进行对接和核心竞争力的整合，从而形成集体优势。在虚拟共生网络中，各成员企业通过信息的共享和资源的整合，最大限度地实现废弃电子产品的资源化利用，从而形成具有企业效益、环境效益和社会效益的良好局面。

3. 私有模块

虚拟共生网络中的每个成员企业本身具有独立的、标准化的信息平台，它们由共享模块和私有模块两部分组成。由于各成员企业都是直接面向市场的独立经济实体，所以，支撑企业运行的关键信息应包括：核心技术机密、财务构成、成本、关键用户等，涉及这些信息的内容不能提供给虚拟共生网络进行共享，因此需要进行私有模块的处理。

三　信息平台的逻辑设计

本章基于 B/S（浏览器/服务器）的三层逻辑结构模式来开

发该信息平台，这对有效利用互联网络和降低企业客户端性能要求有着很现实的意义（见图5-7）。

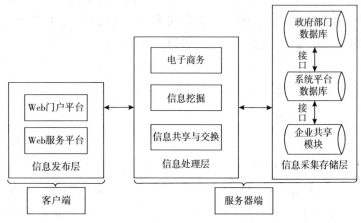

图5-7　信息平台逻辑设计结构

1. 信息采集存储层

本层为整个信息平台的底层。考虑到政府数据的涉密性和企业部分数据的商业机密性，因此本章建立独立于政府和企业的系统平台数据库，这将很好地提升整个信息平台的稳定性。本层主要完成信息平台的数据存储及通过接口与企业 MIS 系统中的共享模块和相关政府部门的数据库进行信息交换。

2. 信息处理层

本层为整个系统平台的中间层。整个信息平台的所有业务功能都在本层得以实现，主要包括三个方面：电子商务、信息挖掘、信息共享与交换。需要特别指出的是，随着 BI（商务智能）的不断发展，企业对于由信息挖掘得出的建议措施越来越得到重视。因此，本系统平台中的信息挖掘功能应利用政府资源，综合平衡企业、环境、社会三者的整体效益，这是传统的、以企业为主导的经济型 BI 所不具备的，这也是将政府引入本系统的重要意义。

3. 信息发布层

本层为整个系统平台的顶层。为了更好地与各成员企业 MIS 系统相连接，通过在本层的主要页面上提供链接，可使信息平台与各成员企业的网站或信息系统具有整体性，从而实现真正意义上的虚拟共生网络。

四　信息平台的运行

通过互联网，虚拟共生网络内的各成员企业在信息平台上进行实时交互，不仅能为虚拟共生网络内部的相关企业提供生产、库存、采购供应及运输调度等信息，政府也可以通过这一平台与企业进行沟通交流，并从资源、环境的角度给企业一些指导和建议。因此，虚拟共生网络内的各企业一方面可以利用信息平台迅速响应市场需求，建立柔性、优质、敏捷的物流网络，另一方面，资源和环境将被更加重视，为实现虚拟共生网络中对环境的零污染、零排放提供了有力的支持，从而实现虚拟共生网络内部各成员企业经济效益、环境效益、社会效益的最优化发展。

由于虚拟共生网络中的成员企业之间每天都会进行大量产能、库存、研发、物流、质量等信息的传递，信息平台的有效运行很大程度上取决于这些信息流的顺畅、安全和可靠。因此，根据虚拟共生网络的成员企业特点，针对信息系统运行中存在的安全威胁，信息平台的稳定运行需注意以下几个方面。①保密性。在虚拟共生网络的成员企业间流通的信息不能暴露给未经授权的第三方，从而防止信息的泄露。②完整性。虚拟共生网络中成员企业接收和发送的信息是未被删除、修改、伪造的。③记录性。一是提供给信息接收者证据，以防止发送者否认发送的信息；二是提供给信息发送者证据，以防止接收者否认接收到信息，即保证成员企业中流通的信息在需要共享的成员之间的流动是可记录的。④访问的可控性。对某个成员企业而言，不同的用户对它的资源的访问权限是不同的，因此，需设置不同的安全访问级别，进行不同用户对不同资源的访问授权。

第六节　本章小结

本章把业务流程再造的思想引入虚拟共生网络之中，在分析虚拟共生网络的特点和运营流程需求的基础上，提出了面向虚拟共生网络的业务流程再造，阐述了业务流程再造的原则和意义，并对废弃电子产品逆向物流的运营流程进行了分析。运用约束理论并结合层次模糊评价方式，建立了虚拟共生网络的运营流程评价方法，提出了确定瓶颈环节的层次模糊综合评价算法。通过对运营流程中瓶颈环节的追踪和确认，为虚拟共生网络中运营流程的改进提供了方向，从而实现废弃电子产品资源化利用效率的改进。本章构建了基于虚拟共生网络的废弃电子产品逆向物流运营模式，分析了其构建的思路、步骤和模式框架。为了确保其有效运行，从组织和技术两个方面对这种模式进行了分析和探讨。

本章根据信息平台的构建目标，设计了信息平台的三个功能模块，并对其开发的逻辑结构模式进行了分析，最后对其安全有效运行提出了几点建议。

第六章
废弃电子产品资源化共生网络的
利益分配机制

第一节 构建利益分配机制的必要性和原则

一 构建利益分配机制的必要性

生产因为有了分配才显得更有意义。在废弃电子产品资源化共生网络中，利益分配是该共生网络管理所要解决的主要问题之一，科学合理的分配机制不仅有利于保持该网络中的联盟关系，更为重要的是，它还可以实现各成员企业间资源的有效配置，提高资源的利用效率，实现更环保更优化的共生效益。利益分配不仅是废弃电子产品资源化共生网络中企业间合作的关键，而且是矛盾最突出的问题，它对合作关系的持续发展和稳定起着决定作用。

在废弃电子产品资源化共生网络中，通过企业间的资源整合与有效协作，资源利用率能够达到最优。而各企业进行合作，减小污染，实现资源利用效率最大化，是建立在互惠互利的基础上的，其本质上是废弃电子产品企业为追求经济利益而结成的契约合作关系。组成共生网络的企业毕竟是独立的实体，有着各自的利益需求，各成员都在整体利益最大化的目标下追求自身利益的最大化。显而易见，该共生网络中的合作伙伴之间能持续合作有两个基本条件：一是通过合作获得的共生网络收益要大于未合作时两方分别取得的收益之和；二是至少在长期合作中，共生网络中的合作者可获得的利益大于没有这种合作之前所能获得的收益。这也是吸引企业组成资源化共生网络的最大动因。废弃电子产品资源化共生网络在取得最大利益后，必须对成员进行合理的利益分配才能实现成员企业的互惠互利；如果企业对该网络的投入没有得到应有的回报，那么必然会对共生网络的运作产生不利影响，就会使这个资源化共生网络存在破裂的危险，最终动摇整个网络的稳定，形成恶性循环。企业之间的利益分配是废弃电子产品资源化共生网络中要解决的关键问题，对于该网络的持续稳定发展起决定作用。良好稳定的伙伴关系是建立资源化共生网络的前提和重要保障，而维系这一关系的动力就是公平、合理的利益分配机制。利益产生的双重效应既会使合作各方产生合作的要求，又会因为利益分配的多少、偏向而影响该共生网络的健康和稳定运行。因此，设计公平、合理的利益分配方案是确保共生网络成功组建和通畅运行的关键问题。科学合理的分配机制不仅有利于保持共生网络中的合作关系，更为重要的是，它还可以实现共生网络中各成员企业资源的有效配置，提高资源利用效率。因此，有必要寻找一个科学合理的方法进行利益的公平分配，建立一套有效的利益分配机制。这对于防控废弃电子产品资源化共生网络的运行风险，保障废弃电子产品资源化共生网络的正常运行具有非常重要的意义。

二 构建利益分配机制的原则

在废弃电子产品资源化共生网络中，利益的分配应当遵循一定原则，这些原则是进行利益分配的基础，利益分配机制也是以此为依托，并以数学方法的运算分析来进行构建的。

1. 公平分配原则

公平分配是废弃电子产品资源化共生网络利益分配机制的首要原则。利益分配的公平性强调共生网络中的废弃电子产品相关企业在利益分配中的信息要公开透明，并且以正当的方式协商制定一种分配原则，该原则的执行结果也应与该成员企业的贡献相称，对于各成员的分配标准应保持一致。对于所有成员企业来说，该共生网络的利益分配应保证每个废弃电子产品成员企业在分配过程中能享受平等的待遇，组成共生网络的各企业无论规模大小、实力强弱，对利润追求的欲望是平等的，各企业都应该按自己在该共生网络中所投入的资源、努力程度及所做的具体贡献索取利益。在各成员企业的利益分配中，不能因为成员企业的规模大小和实力强弱而区别对待，各成员企业从共生网络中获得的分配结果可能存在差异，但分配的标准应该是相同的。在对利益进行分配的过程中，核心企业只有首先响应这条原则，才能更好地促进废弃电子产品资源化共生网络的健康发展。

2. 民主决策原则

民主决策原则是指在制订利益分配方案过程中，每个成员企业都具有参与性及决策的民主性，在废弃电子产品资源化共生网络中，利益分配方案的制订过程是一个由全体废弃电子产品成员企业共同参与的群体决策过程，如果该共生网络的组织形式具有核心企业的依托型，核心企业也应该给予各成员企业一定的决定权，不能由核心企业完全自定。在制订分配方案过程中，核心企业要成员允许成员企业从自身的角度提出收益分配建议，全体成员企业再在此基础上进行协商讨论，确定最后的分配方案。只有这样，各成员企业才会安心去做自己的工作。这种分配方案的群体决策过程充分体现了收益分配决策的民主性。让企业充分参与，听取企业的意见，这样建立起来的利益分配制度对促进整个共生网络的合作与成功是非常必要的。

3. 互惠互利原则

互惠互利是指在废弃电子产品资源化共生网络成功运作后，要保证每个成员企业都能从中获取相应的利益，否则将会损害成员企业的积极性。不能出现一部分成员获取收益，而另一部分成员却没有获得收益的情况。

4. 兼顾个体理性和集体理性原则

个体理性原则是指一个企业加入废弃电子产品资源化共生网络中所得到的收益应该大于或至少等于该企业单独运行所得到的收益，否则会出现企业中途退出该共生网络。集体理性原则是指企业组建共生网络所得到的总收益应大于各企业单独运行时各个体收益的总和。这也是运用 Shapley 值法进行利益分配的前提条件，要保证整个共生网络的稳定性，必须保证加入共生网络的企业从中获取的利益要大于不加入该共生网络的利益，否则成员企业就不会加入该共生网络。因此，制订出的分配方案将对每个成员企业产生较大的激励效应，促使各成员企业积极加入该共生网络并努力做出贡献，以实现成员企业个体收益最大化，同时也能够体现集体合理性，保障该共生网络运作的稳定性和高效率，实现该共生网络的总收益最大化。

通过综合考虑前面这四条原则，废弃电子产品资源化共生网络的利益分配机制的制定应以科学理论为基础，体现每个成员企业的资源投入、贡献大小，增强合作的积极性，促进废弃电子产品资源化共生网络的稳定发展。

第二节 成员企业间的利益分配原则

虚拟共生网络的建立意味着一个新的利益分配格局的形成，利益分配不仅指有形的产品和利润在各成员企业间的分享，还包括在运营过程中产生的无形资产的分享。由于虚拟共生网络建立的本质是企业为获得经济利益而形成的合作关系，所以利益的分配会受到成员企业的极大关注。合理的利益分配策略会使得网络健康稳定的运行，但是利益分配不合理往往是虚拟共生网络中成员企业产生冲突的重要原因，也是导致虚拟共生网络中途解体的重要因素。通过有效的利益分配机制可以保证各成员企业的创新和努力能得到及时、公平、合理的补偿，能有效防范成员企业的败德行为。如果虚拟共生网络没有很好的风险协调机制，成员企业就会以自身利润最大化为目标，这种行为很可能会影响整个虚拟共生网络的总效益。由于虚拟共生网络的组建是不同地域的不同企业的短期性合作，这必然会要求虚拟共生网络中成员企业的利益分配具有其独有的特征。

首先，利益具有多样性。由于虚拟共生网络本身就具有多样化的特点，所以对于其利益分配策略，也同样涉及多样性的特征。比如：存在有形的产品和利润，也存在无形的利益；有集体共享的利益，也有某个企业的专利；有的利益可以在企业中作出比较，有的则不能。其次，利益具有非加和性。虚拟共生网络所获得的收益是所有成员企业共同努力、协调配合的结果，而非单个企业的个体行为。没有这种协作关系而将每个企业的同等努力相加和，就不可能获得协同合作的利益。再次，成员企业的认知具有差异性。虚拟共生网络中成员企业的多元化特点必然会使其对同一问题产生不同的看法和观点，由此会使成员企业对利益分配认知的不一致性。

基于虚拟共生网络中企业利益分配的特征，为了虚拟共生网络的健康运行，完成预期目标，就必须做好成员企业间的利益分配工作。虚拟共生网络的有效运行是成员企业通力协作的结果。所以，在利益分配上要本着"风险共担，利益共享"的原则。具体表述如下。

1. 利益与风险相匹配原则

在建立利益分配机制时，需要将成本与风险结合起来考虑。利益分享不仅与成本的投入密切相关，而且与所承担的风险也是存在关联的，因为成本大小本身就是风险高低的一种体现。如果在成本投入过程中，企业承担了较大的成本份额，这就意味着其承担了更多的风险。所以，在利益分配时成员企业所获得的收益应与该成员企业的总成本投资成正比，努力避免出现"高成本低收益"或"低成本高收益"的局面。

2. 公平、公开、公正原则

在利益分配过程中，不管成员企业的大小强弱，应一视同仁，都应该按照每个企业所投入的资源、努力程度和贡献大小来分配收益，不能存在偏差。利益分配策略和结果应予以公示，使每个企业的付出与回报都有章可循，同时接受所有成员企业的监督。利益的分配应坚持公平的原则，但过分的公平可能会影响优秀企业的积极性，所以需要在公平和效益之间找到一个平衡点，以便在整体公平的前提下实现局部的激励。

3. 可重复性原则

由于企业之间的合作和利益分配不是一次性的，而是多次合作和博弈的结果，所以在利益分配过程中应重视多次合作的总体效益，还应强调正反馈激励。

第三节　废弃电子产品资源化共生网络利益关系的分析

废弃电子产品资源化共生网络受国家经济、科技、文化、资源等因素的影响，因此，其中的利益关系也比较复杂，涉及政府、生产商、回收处理者、消费者等诸多方面。虽然我国目前废弃电子产品的利用有了一些进展，一些正规企业开始进入电子废物回收利用领域，国家也出台了相应的政策，但还是缺乏必要的科技手段和投入，激励和引导废弃电子产品利用产业发展的政策也不健全，至今还未能建立起采用高科技手段实现循环利用的大型、规范的处理机构。因此，在由谁来为废弃电子产品回收处理付费和付费比例问题上，各利益集团争执不下，这也成为我国废弃电子产品高水平发展的主要制约因素。

一　废弃电子产品回收处理价值链

废弃电子产品资源化循环是一个新兴产业，也是一个新的经济增长点。在长江三角洲、珠江三角洲等经济发达地区，很多企业都在积极开发和研究废弃电子产品处置技术。在废弃电子产品的回收、分拣、拆解和再生利用过程中会产生一定的经济价值，形成相应的废弃电子产品回收处理价值链（见图6-1）。

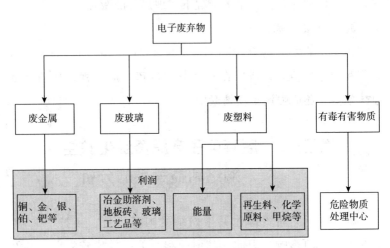

图6-1 废弃电子产品回收处理价值链

从图6-1可以看出，废弃电子产品回收处理价值链中的价值主要来源于废金属、废玻璃和废塑料的回收再利用。其中，废金属重点是回收其中的金、银、钯等贵金属及铜等贱金属；废玻璃主要用于冶金助溶剂或深加工成地板砖、玻璃工艺品等；废塑料的主要价值体现为两方面，一是作为燃料进行能量回收，二是作为其他材料循环利用。

二 影响利益分配机制的因素模型

影响废弃电子产品资源化共生网络利益分配的因素有两方面，一方面是来自体系外围，包括经济、科技、文化等因素的影响，这些因素构成体系的外层，即框架层——法规、文化、经济、政治等因素；另一方面来自共生网络体系内部，利益分配机制的核心是研究共生网络的资金流向，而资金流向又受共生网络构建模式、企业的技术、员工素质、利益相关者的相互协作等因素的影响，同时利益分配机制的运作又反作用于共生网络的稳定性。

　　一个有效的利益分配机制需要兼顾各个相关利益者在经济、社会、环境等方面的利益（见图6-2）。只有各参与方均从体系中受益，才能促进废弃电子产品资源化共生网络的持续稳定。我国目前废弃电子产品的回收体系网络涉及的利益主体由消费者用户、个体收购者、维修翻新者、非正规处理回收业者和正规处理回收企业五部分组成。在目前还没有建立正规的废弃电子产品回收物流体系的情况下，虽然在一定程度上他们促进了废弃电子产品的资源循环再利用，但部分由于相关法规政策缺失、行政监管乏力和回收处理装置工艺原始落后等情况，导致了资源浪费、地区生态环境恶化等情况发生。而且追求利润最大化是企业本质的目标，因此，在废弃电子产品资源化共生网

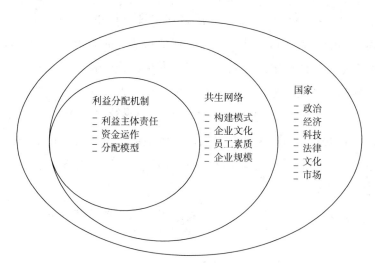

图6-2　影响利益分配机制的因素模型

络中，企业为了追求自身的利益而采取投机行为参与网络组织运行的行为，不惜借助不正当的手段谋取自身的利益，使得共生网络的利益分配难以公平有效地得以执行，因此，要想建立一个长效的利益分配机制，不仅要简单地解决利润的分配问题，而且要使各利益主体的责任明确到位，并建立相应的资金运作协调机制。

第四节　废弃电子产品回收定价策略研究

废弃电子产品是各种达到或接近其生命周期终点的电子产品通称。目前，社会普遍关注的废弃电子产品是在消费过程中废弃的电子电器产品，主要是指废旧家电，一般指"四机一脑"。"四机"指电视机、电冰箱、洗衣机和空调，"一脑"指电脑。随着技术进步和电子产品更新换代的日益加快，废弃电子产品的种类和数量也在迅速增加，目前每年以 3% ~ 5% 的速度增长，是城市固体废弃物平均增长速度的 3 倍[①]。一方面，废弃电子产品有害成分较多，一旦发生污染，其影响将具有长久性和不可恢复性；另一方面，废弃电子产品富含金、铜等多种金属，可资源化程度高，具有较高的经济价值和环境价值（王一宁，2007）。因此，废旧电子资源的回收和再利用对节约资源和保护环境，加快构建资源节约型社会步伐将具有积极作用。

随着人们对环境保护及可持续发展认识的逐步深入，废旧

---

① 国家环境保护总局令〔第 40 号〕，《电子废物污染环境防治管理办法》，第五章附则第二十五条。

物品的重新利用越来越受到重视。对于企业来说，产品回收再利用不仅可以提高形象，而且可以从中获得经济效益，因此，越来越多的企业开始将产品回收再造纳入其发展战略。在产品再制造过程的各个环节中，报废产品的回收是再制造过程的起点，从物流角度讲，是连接正向物流和逆向物流的关键环节，闭环供应链则是产品回收再造系统的重要分析工具。闭环供应链是指在传统的正向供应链上加入逆向供应链而形成的一个完整的闭环系统（Closed - Loop Supply Chain）（蔡小军、李双杰，2006）。为此，以一个制造商与一个分销商组成的闭环供应链系统中存在产品回收定价问题。在该系统中，供应链成员以利润最大化为目标，以回收转移价格为制造商的决策变量，以市场回收价为分销商的决策变量，得出各自的最优决策。本章给出了在该系统中可能存在的合作博弈均衡解与非合作博弈均衡解，并比较了两者的效率。

　　闭环供应链中与传统正向供应链的不同之处就是增添了逆向回收这个贯穿整个链条的逆向流入。在逆向回收这个流动方向，主要参与者有生产商、零售商、消费者，以及专门从事逆向回收的第三方，根据在逆向流入过程中关键参与者的不同，可以形成不同的回收模型（Zoeteman et al.，2010）。为了研究方便同时又不失共性，并且充分考虑现实条件的制约，本章把闭环供应链中的角色和关系抽象出来进行简化研究，对于某种产品，假设市场上只有一个制造商和一个分销商。制造商委托分销商负责回收该废旧产品，并承诺以一定的回收转移价格全部购入分销商回收的废旧产品。之后，制造商对回收的废旧产品进行加工处理，变成再生产品，重新投入市场。在该模型中，分销商同时肩负着两种角色：正向销售与逆向回收，因此

分销商是逆向流入的关键参与者。废弃电子产品回收再造流程
见图 6-3。

图 6-3 废弃电子产品回收再造流程

在该模型中，假设制造商和分销商都是独立的决策个体，
它们的经营目标是各自的利润最大化。模型中的决策过程如下：
首先，制造商根据市场情况，制订废弃电子产品的回收计划，
确定回收转移价格，以实现利润最大化；其次，分销商也从利
润最大化出发，确定向消费者回收电子产品时的市场回收价。

一 废弃电子产品回收再造定价模型参数说明

P_0：制造商对废弃电子产品再生产之后的产品销售价格，
通过逆向回收再利用生产出的产品价格与正常情况下的产品价
格相同。该参数是个确定的常量，由制造商根据其成本结构和
所要获取的利润决定。

C_0：制造商以废旧产品为原材料进行生产的综合再造单位
成本，包括制造商对废弃电子产品进行检测、分类、拆分、加
工等开支。在模型中将其简化为一个常量。

P_1：制造商从分销商那里购买废弃电子产品的单位回收价
格，是制造商决策变量。制造商进行回收再造活动的前提是对
回收废旧产品有利可图。因此，只有回收加工后新产品售价大

于回收价格加综合再造成本，也即当 $P_0 \geq C_0 + P_1$ 时，才能启动回收流程。

C_2：分销商回收废旧产品的单位运营成本，包括仓储、运输等费用。在模型中为常量。

P_2：分销商从消费者手中回收废旧产品的单位价格，该参数是分销商决策变量，$P_2 = k P_1$，k 为分销商确定的价格系数，$k \in [0, 1]$。为在产品回收活动中保本，应有 $P_1 \geq C_2 + P_2$。

Q：废弃电子产品的市场拥有量，为常量。该数量由消费者的消费习惯和产品质量、寿命周期等因素决定，回收废旧品的数量多少不会引起计划生产数量的变化，而只会引起通过正向流入途径生产的实际产品数量。

q：单位回收价格为 P_2 时，废旧产品的回收量，q 是关于 P_2 的单调增函数，且 $q \leq Q$，假设供给函数：$q = f(P_2)$。为不失一般性，假设 $f(P_2) = a + bP_2$。

π_1：制造商的利润，π_2：分销商的利润，π：产品回收系统的利润。

在模型中，假设制造商对所有回收的废弃产品都进行加工处理，形成再生产品，即分销商不存在产品积压。所以，对于给定的回收价格 P_1 和 P_2，有利润函数如下：

$$\pi_1 = (P_0 - C_0 - P_1)q = (P_0 - C_0 - P_1)f(P_2) = (P_0 - C_0 - P_1)f(kP_1) \tag{6-1}$$

$$\pi_2 = (P_1 - C_2 - P_2)q = (P_1 - C_2 - P_2)f(P_2) = (P_1 - C_2 - kP_1)f(kP_1) \tag{6-2}$$

$$\pi = \pi_1 + \pi_2 = (P_0 - C_0 - C_2 - kP_1)f(kP_1) \tag{6-3}$$

由已知可知，P_0、C_0 和 C_2 都是确定的常量，所以 π_1、π_2 和

π 是 P_1 和 k 的函数，我们称 (P_1, k) 为一个价格策略。

根据前文分析，P_1 和 k 应满足如下条件：

$$0 \leqslant P_1 \leqslant P_0 - C_0, 0 \leqslant k \leqslant 1 - \frac{C_2}{P_1}$$

用 S 表策略集，则

$$S = \left\{ (P_1, k) \mid 0 \leqslant P_1 \leqslant P_0 - C_0, 0 \leqslant k \leqslant 1 - \frac{C_2}{P_1} \right\}$$

当 P_1 和 k 在 S 内时，制造商和分销商才会展开回收活动。否则，制造商或分销商就会因为再造和回收成本太高而无利可图。

二 非合作博弈分析

首先分析制造商和分销商作为两个利益主体进行决策、追求各自利润最大化的情况。假设闭环供应链中成员的决策方式为完全信息下的非合作斯塔克博格（Stackelberg）博弈，且制造商为博弈的领导者（Leader），分销商是跟随者（Follower）。在该博弈中，制造商首先根据市场信息做出废旧产品回收的定价策略，在完全信息条件下，分销商在得知制造商的决策后，随后做出自己的定价决策。

在这样的决策条件下，制造商的利润最大化问题为：

$$\begin{cases} \max \pi_1 = (P_0 - C_0 - P_1) f(kP_1) \\ s.t.\, 0 \leqslant P_1 \leqslant P_0 - C_0 \end{cases}$$

分销商的利润最大化问题为：

$$\begin{cases} \max \pi_2 = (P_1 - C_2 - kP_1) f(kP_1) \\ s.t.\, 0 \leqslant k \leqslant 1 - C_2/P_1 \end{cases}$$

求解斯坦克尔伯格模型的均衡解，首先要求该博弈过程中第二阶段的反应函数，以及分销商的价格反应函数，可以通过分销商利润函数的一阶条件求出其决策变量 k 的最优值。

由 $\dfrac{\partial \pi_2}{\partial k} = 0$，得：

$$kP_1 = \frac{bP_1 - bC_2 - a}{2b} \tag{6-4}$$

将式（6-4）代入式（6-1）得：

$$\pi_1 = (P_0 - C_0 - P_1)(a + bkP_1) = (P_0 - C_0 - P_1)\frac{(bP_1 - bC_2 + a)}{2} \tag{6-5}$$

由 $\dfrac{\partial \pi_1}{\partial P_1} = 0$，得：$P_1^S = \dfrac{bP_0 + bC_2 - bC_0 - a}{2b}$

因此，斯塔克博格均衡解为：

$$(P_1^S, k^S) = \left(\frac{bP_0 + bC_2 - bC_0 - a}{2b}, \frac{bP_0 - bC_0 - bC_2 - 3a}{2(bP_0 + bC_2 - bC_0 - a)} \right)$$

将均衡解代入式（6-1）、式（6-2）、式（6-3）得到的制造商利润、分销商利润以及供应链系统利润如下：

$$\pi_1^s = \frac{1}{8}\left(P_0 - C_0 - C_2 + \frac{a}{b}\right)[a + b(P_0 - C_0 - C_2)]$$

令 $H = P_0 - C_0 - C_2 > 0$，$\pi_1^s = \dfrac{1}{8}\left(H + \dfrac{a}{b}\right)(a + bH) = \dfrac{1}{8b}(a + bH)^2 \tag{6-6}$

$$\pi_2^s = \frac{1}{16b}(a + bH)^2 \tag{6-7}$$

$$\pi^s = \pi_1^s + \pi_2^s = \frac{3}{16b}(a + bH)^2 \tag{6-8}$$

$$\text{而 } q' = a + bkP_1 = \frac{1}{4}(bH + a) \qquad (6-9)$$

三 合作博弈分析

如果在上述模型中，制造商和分销商之间可以达成某种协议，结成垄断联盟，为追求联盟的整体利润最大化，按协议组织电子产品回收，就构成合作博弈（Cooperative Game）。由于合作博弈强调团体理性，因此可能比强调个人理性的非合作博弈带来更高的效率（王灵梅，2004）。

在这种情况下，博弈问题可用如下模型描述：

$$\begin{cases} \max \pi(P_1, k) \\ s.t. \ (P_1, k) \in S \end{cases}$$

由 $\dfrac{\partial \pi}{\partial P_1} = 0$，$\dfrac{\partial \pi}{\partial k} = 0$ 得：

$$kP_1 = \frac{bP_0 - bC_0 - bC_2 - a}{2b} \qquad (6-10)$$

即均衡解集为：

$$G = \left\{ (P_1^N, k^N) \ \middle| \ k^N P_1^N = \frac{bP_0 - bC_0 - bC_2 - a}{2b} \right\} \qquad (6-11)$$

将均衡解式（6-10）代入式（6-1）、式（6-2）、式（6-3）得到的制造商利润、分销商利润以及供应链系统利润如下：

$$\pi_1^N = \frac{1}{2}(P_0 - C_0 - P_1)(a + bH) \qquad (6-12)$$

$$\pi_2^N = \frac{1}{2}\left(P_1 - \frac{P_0 - C_0 + C_2}{2} + \frac{a}{2b}\right)(a + bH) \qquad (6-13)$$

$$\pi^N = \frac{1}{4}(H + a/b)(a + bH) = \frac{1}{4b}(a + bH)^2 \qquad (6-14)$$

$$而 \ q^N = \frac{1}{2}(bH + a) \qquad (6-15)$$

四　合作博弈与非合作博弈均衡解的比较

合作博弈与非合作博弈的均衡解对比情况见表6-1。

表6-1　合作博弈均衡与斯塔克博格均衡效率比较

项　目	合作博弈均衡	比　较	斯塔克博格均衡
制造商利润	π_1^N	不确定	π_1^S
分销商利润	π_2^N	不确定	π_2^S
系统总利润	π^N	$\geqslant$	π^S
回收数量	q^N	$\geqslant$	q^S
分销商回收价格	$\dfrac{bP_0 - bC_0 - bC_2 - a}{2b}$	$\geqslant$	$\dfrac{bP_0 - bC_0 - bC_2 - a}{4b}$

由表6-1可见，在将制造商和分销商作为一个利益集团进行定价决策时，比将两者各自作为独立利益主体进行决策能为供应链系统整体带来更高的利润。同时，回收的废弃电子产品的数量也有所增加，而分销商向消费者回收产品时的价格提高，相当于让利于消费者，从而带来一定的社会效益。

然而，从制造商与分销商个体来考察，其合作能否带来额外利益却是不确定的，这主要是由于合作博弈的均衡解并不唯一，而为一解集。在合作博弈问题中，若：

（1）P_1取极大值，即$P_1 = P_0 - C_0$，$\pi_1^N = 0 < \pi_1^S$

$$\pi_2^N = \frac{1}{2}\left(\frac{P_0 - C_0 - C_2}{2} + \frac{a}{2b}\right)(a + bH) = \frac{1}{4b}(a + bH)(a + bH)$$

$$= \frac{1}{4b}(a + bH)^2 > \pi_2^S = \frac{1}{16b}(a + bH)^2$$

故合作带来的额外利益全部被分销商获取，而制造商利润降低，只能实现保本，并且制造商因合作而减少的利润也被分销商取得。

（2）P_1 取极小值，$P_1 = 0$，则 $P_2 = 0$，$\pi_1^N = \dfrac{1}{2}(P_0 - C_0)(a + bH) > \pi_1^S$，$\pi_2^N = \dfrac{1}{2}(-C_2)(a + bH) < 0$，分销商不能保本，故不会参与回收流程，因此不是均衡解。

（3）$P_1^N = P_0 - C_0 - \dfrac{1}{4b}(a + bH)$，则 $\pi_1^N = \pi_2^N = \dfrac{1}{8b}(a + bH)^2 = \pi_1^S$。制造商未能因合作获取超额利润，分销商取得额外收益。

（4）$P_1^N < P_0 - C_0 - \dfrac{1}{4b}(a + bH)$，则 $\pi_1^N > \dfrac{1}{8b}(a + bH)^2 = \pi_1^S$。制造商因合作获取超额利润，$\dfrac{1}{16b}(a + bH)^2 < \pi_2^N < \dfrac{1}{8b}(a + bH)^2$，分销商能获得额外收益。否则，分销商利润反而会减损。

（5）$P_1^N > P_0 - C_0 - \dfrac{1}{4b}(a + bH)$，则 $\pi_1^N < \pi_1^S$，$\pi_2^N > \dfrac{1}{8b}(a + bH)^2 > \pi_2^S$。制造商利润降低，分销商获取全部额外收益。

综上所述，只有当 $P_1^N \leqslant P_0 - C_0 - \dfrac{1}{4b}(a + bH)$ 时，制造商与分销商才能有联合决策的可能，而利益冲突会导致合作的不稳定。为此，只有构建适宜的协调机制和激励机制缓解双方的利益冲突，并促进双方结成合作联盟，才能够提高整个回收系统的效率。

第五节　废弃电子产品资源化共生网络利益分配机制的内容

借鉴国外废弃电子产品运行机制的成功经验，同时结合我国废弃电子产品现状的特殊情况，本章认为一个良好运行的废弃电子产品资源化共生网络利益分配机制必须包含三方面的内容。第一，共生网络中各利益主体的责任和义务清晰明确——生产者责任延伸制度（Extended Producer Responsibility，EPR）的执行需要明确各利益主体在共生网络各个环节所应承担的物理责任和经济责任；第二，必须建立一个运作协调机制，共生网络中利益分配机制的运行需要一个第三方机构的监督执行来保证利益分配的公正性；第三，建立基于 Shapley 值法的利益分配模型，运用科学、数量化的方法计算出各利益主体所应享受的利益比例。具体内容如下。

一　基于 EPR 机制的各利益分配主体的相关责任

EPR 的引入已成为各国废弃电器电子产品管理立法的一项基本指导原则，从各国的实践来看，EPR 的导入是一个各利益主体博弈的过程，一般根据本国的经济水平、消费者的环保意识及废弃习惯、产业界的认可程度和接受能力、地方政府废弃物回收处理的历史情况等因素综合考虑，设计适合本国的 EPR 机制（蔡晓明，2000）。从国外的情况来看，很多国家采取了由生产商支付处理费用的方式。具体是通过立法建立生产商责任制，即生产商应对其设计、制造的家电产品，承担产品废弃时的管理费用，并将这笔费用摊入成本，以此激励生产商采用绿色设计，改进产品的回收利用性。在我国，因为影响企业的利润和竞争力，这样的做法遭到一些企业的抵制。也有一些国家采取了由消费者支付电子产品废弃物处理费用的方式，但鉴于我国目前的消费水平和观念，消费者还要用废弃电子产品来卖钱，由消费者为回收处理直接交费的方式实行起来会有相当大的难度，基本可以不予考虑。根据2011年开始实施的《废旧家电及电子产品回收处理管理条例》（以下简称《条例》）（第十三条第一款）："生产者承担缴纳废弃电器电子产品基金的经济责任，用于补贴废弃电器电子产品回收处理费用，鼓励生产者自行或者委托销售者、维修机构、售后服务机构、废弃电器电子产品回收经营者回收废弃电器电子产品。"经过各方博弈后最终确立的EPR具有明显的过渡色彩，但从另一个角度来看，由于民间长期形成了积攒废旧物资出售的习惯，废弃电器电子产品的回收主要以逆向有偿的方式进行，直接课以消费者责任尤其是经济责任短期内不具有可操作性。电子电器生产商数量众多、经济和技术实力参差不齐，现阶段应课以物理责任。因此，在未来，EPR的实施应当是一个循序渐进的过程，从目前的生产者只承担经济责任逐步过渡到同时承担部分或者全部物理责任。

2011年1月1日《条例》开始实施后，基于该EPR机制的各利益相关者分工见表6-2：一是国家政府制定法律法规，监督执行情况和效果，普及环保教育；二是基金会、协调组织收取处理基金，协调系统运作，收集信息并反馈政府；三是生产商、进口商缴纳废弃电子产品回收处理基金，自行或委托第三方回收废弃电子产品（非强制执行），符合污染控制的规定，承担绿色设计责任，提供有关有毒有害物质含量、回收处理提示性说明等信息；四是销售商执行以旧换新，有责任回收旧家电；五是消费者有义务将废弃电子产品送到回收点，收取出售废弃电子产品的费用，应尽量延长电器的使用寿命，减少不必要废弃；六是回收者回收废弃电子产品，交给有处理资格的处理企业处理；七是处理企业建立日常环境监测制度，建立数据信息管理系统，向环境部门报送废弃电子产品处理基本数据和有关情况，依照国家有关规定享受税收优惠，遵守国家有关环境保护和环境卫生管理的规定。

表 6-2 废弃电子产品资源化共生网络各利益主体相关责任

利益相关者	相关责任
政府	制定法律法规，监督执行情况和效果，普及环保教育
基金会、协调组织	收取处理基金，协调系统运作，收集信息，并反馈政府
生产商、进口商	缴纳废弃电子产品回收处理基金，自行或委托第三方回收废弃电子产品（非强制执行），符合污染控制的规定，承担绿色设计责任，提供有关有毒有害物质含量、回收处理提示性说明等信息
销售商	执行以旧换新政策，回收旧家电（非强制执行）
消费者	将废弃电子产品送到回收点，收取出售废弃电子产品的费用，应尽量延长电器的使用寿命，减少不必要废弃
回收者	回收废弃电子产品，交给有处理资格的处理企业处理
处理企业	建立日常环境监测制度，建立数据信息管理系统，向环境部门报送废弃电子产品处理基本数据和有关情况。依照国家有关规定享受税收优惠，遵守国家有关环境保护和环境卫生管理的规定

二 资金运作协调机制

一个有效的废弃电子产品回收处理体系需要兼顾各个相关

利益者在经济、社会、环境等方面的利益。只有各参与方均从体系中受益，才可能建立持续稳定的回收处理体系。因此，利益分配机制实施的关键在于经济、公正、透明、可持续的资金流，而多个利益相关者的协作和协调是其中关键。

图6-4表明，在废弃电子产品资源化共生网络中，废弃电子产品回收处理费用主要由生产商承担，同时，政府以补贴或者税收优惠政策的方式给予废弃电子产品回收处理企业一定的资金支持。由于废弃电子产品资源化共生网络涉及多个利益相关者，这些利益相关者之间存在利益冲突，需要通过一个第三方的协调机构来控制和协调，因此，基金会、协调中心的设立尤为必要。生产商将处理费统一交给基金会，由基金会、协调中心来统一调度，用于支付购买消费者的废弃电子产品和补贴处理企业，政府对这一过程实施监督审查。同时，政府通过税收优惠政策给予回收处理企业一定的补贴，处理企业对废弃电子产品进行加工处理后，又可以将原料销售给生产商进行再生产利用，实现废弃电子产品资源化共生网络中资金流的闭循环。

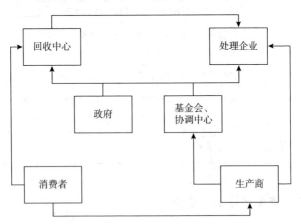

图6-4　废弃电子产品资源化共生网络资金流

生产商承担废弃电子产品回收处理经济责任的方式可分为两种：独立承担延伸责任形式与集体分摊延伸责任形式（金涌等，2003）。独立承担延伸责任形式是各生产商对自己生产的产品承担经济责任，由于市面上电子产品生产商数量较多，每个生产商的企业规模、经济实力参差不齐，管理成本较高，因此这种方式不利于废弃电子产品资源化共生网络的协调管理。生产商集体承担经济责任是指生产商按一定的分配比例共同承担经济责任。集体承担的方式主要有两种，一是按照生产商当年的市场份额分摊废弃电子产品回收处理总费用（用重量衡量）；二是生产商按照其产品在回收量中的比例支付处理费。本书认为我国废弃电子产品回收处理系统更适合生产商集体承担责任制，费用的收取方式可以采用市场份额和回收量相结合的衡量标准。

三　基于 Shapley 值法的利益分配模型

越来越多的学者运用博弈论进行利益分配问题的研究，这是解决合作问题的重要方法之一，本章采用 Shapley 值法对废弃电子产品资源化共生网络的利益分配进行分析。L. S. Shapley 在1953 年给出了 n 人合作对策的利润分配方法，且严格证明了合作者公平的分配应该是合作者参与的所有合作者贡献的加权平均值（王兆华等，2002）。丁尚、张增棨（2008）采用带风险修正因子的 Shapley 值模型，通过权重分配来综合确定各合作企业的利益分配，同时通过算例验证了该方法的科学性和合理性，并给出了 Shapley 值的修正公式。

本章认为，废弃电子产品资源化共生网络的形成机理就是希望通过寻求一种制度安排，整合共生网络的内外资源，达到降低成本、提高效益的效果，使所有参加共生网络的企业获得其可能获得的最大预期收益。在废弃电子产品资源化共生网络中，成员企业之间的利益分配是非对抗性的，成员企业数目的增加不会引起整个共生网络效益的减少，满足 n 人合作对策的前提假设条件。

借鉴 Shapley 值法，将其运用到废弃电子产品资源化共生网络中，如下：

设废弃电子产品资源化共生网络中共有 n 个个体，其集合记为 $I = \{1, 2, \cdots, n\}$，S 为 n 人集合中的一种合作，$v(s)$ 为合作 S 所产生的效益。

显然函数 $v(s)$ 满足以下条件。

（1）$v(\varphi) = 0$，即表示共生网络内没有任何个体的效益为零。

（2）$v(s_1 \cup s_2) \geqslant v(s_1) + v(s_2)$，$s_1 \cap s_2 = \varphi$，（$s_1 \subseteq I$，$s_2 \subseteq I$），即表示任意两组个体集合的组合所获得的效益应该不小于其单独所获得的效益和（体现"合作成员的增加不会引起废弃电子产品资源化共生网络效益的减少"原则）。

另一方面，第 i 个共生网络个体所得到的最大收益 $\varphi_i(v)$ 还应该满足以下条件。

（3）$\sum\limits_{i=1}^{n} \varphi_i(v) = v(I)$，即表示 n 个个体分配的收益和应该等于整个废弃电子产品资源化共生网络的总体效益。

（4）$\varphi_i(v) \geqslant v(i)$，$i = 1, 2, \cdots, n$，即表示每一个共生网络中的合作者在合作后的收益应该不小于合作前得到的收益。则：

$$\varphi(v) = \varphi_1(v), \varphi_2(v), \cdots, \varphi_n(v)$$

$$\varphi_i(v) = \sum_{s \in s_i} p_i w(|s|) [v(s) - v(s \setminus i)], i = 1, 2, \cdots, n \quad (6-16)$$

$$w(|s|) = \frac{(n - |s|)!(|s| - 1)}{n!} \qquad (6-17)$$

其中，s_i 是集合 I 中包含成员 i 的所有子集，$|s|$ 表示子集 S 中元素的个数（即参加合作个体的数目），p_i 为风险因子（即该合作成功的概率），$w(|s|)$ 是加权因子。$\varphi_i(v)$ 就是共生网络中第 i 个个体应该得到的收益，这样就从理论上解决了废弃电子产品资源化共生网络的利益分配问题。

通过上述分析，我们可以得到废弃电子产品资源化共生网络利益分配机制的两条定理。

定理一：在任何一个企业进入废弃电子产品资源化共生网络后，该共生网络所创造的总体收益应该大于该企业与原废弃电子产品资源化共生网络各自所创造的收益之和。

定理二：废弃电子产品资源化共生网络的成员企业均获得其所有可能参加共生网络的最大收益。

根据上述两条定理，我们就可以比较好地解释废弃电子产品资源化共生网络发展过程中将要遇见的各种情形。

（1）当各合作方的收益小于共生网络中各企业单独创造的收益时，废弃电子产品资源化共生网络将自动终结或解散。例如，由于未来新技术的出现，电子产品完全实现绿色设计，可以几乎不需要成本就可以将废弃电子产品直接投入再生产，那么该废弃电子产品资源化共生网络就可能解散。

（2）如果新成员企业的加入能使合作各方的收益继续增加，该废弃电子产品资源化共生网络就会得到进一步的延伸或扩大。

（3）在废弃电子产品资源化共生网络中，当偏利共生关系中较弱一方的收益不断增大时，居于共生网络的核心企业可能兼并、收购其副产品处理者。

通过分析，本章同时认为废弃电子产品资源化共生网络是一个不断演绎的进程，并不是稳定不变的，存在解散、扩张、兼并、收购等现象，这些是废弃电子产品资源化共生网络的一种特殊稳定形式。

第六节 废弃电子产品资源化共生网络利益分配机制效果分析

基于 EPR 机制的 Shapley 值法利益分配机制明确了各利益分配主体的责任，对资金的流转做了较明确的规定，保障了资金的来源。基金会及协调中心的建立为废弃电子产品资源化共生网络中资金的调配搭建了更为公平、透明的平台，政府的监督及激励使得共生网络中资金的协调更为规范，从而防止其中某些企业搭便车，侵害其他利益分配主体的权益。Shapley 值利益分配模型的提出，体现了按照贡献大小分配的原则，避免了平均分配带来的弊端，能够调动共生网络合作成员的积极性，给共生网络中各利益主体的利益分配提供了数量化的方法，使得利益的分配变得更为具体明确，保证了共生网络的协调性、经济性，维护了共生网络的稳定运行。产出分享利益分配模式充分体现了成员企业之间"收益共享""风险共担"的合作关系，使得各成员企业不仅重视自身经营业绩的好坏，同时也注意加强与其他成员企业间的合作与协调，提高了共生网络整体的运行效率，有效降低了总成本。对共生网络发展过程的预测体现了利益分配的动态性、民主性等特点，符合客观实际，且操作性强，由此获得的利益分配结果科学、合理，易于被各成员企业所接受。

但是，由于受经济因素的制约，生产者不承担物理责任将会削减其推进绿色设计的动力。另一方面，生产者与回收者、处理者之间协作关系较为薄弱，这种关系是付费方与基金使用方的博弈关系，作为它们之间联通的桥梁是政府，政府在制定回收处理基金征收和使用办法时将面临信息不对称的挑战，从而增加管理成本。用 Shapley 值法进行利益分配也存在一些缺陷。共生网络内部的成员均可以独立地选择自己的努力水平，然而，对其总收益的边际贡献不仅依赖于各成员自身的努力水平，还取决于其他成员企业的努力水平。因而这种收益分配方式可能导致偷懒行为的出现。由于用 Shapley 值法来分配废弃电子产品资源化共生网络中合作成员间的利益还存在一定的缺陷，因此，需要在此基础上对其进行改进。

废弃电子产品资源化共生网络中的企业是为了降低成本或受其他经济利益的驱动而联合在一起的。网络中的各企业之间既相互合作又相互竞争，既相互依存又相互博弈，存在利益的冲突和矛盾。一方面，只有合作才能使整体利益最大化，另一方面，它们又都是理性的个体，会努力实现自身的利益最大化，个体在追求自己利益最大化的同时可能会偏离整体利益最大化，有时甚至是损害其他利益主体。如果这一矛盾即利益分配不合理不能很好地解决，就会影响到整个生态共生网络的形成以及网络的稳定性和持久性。因此，共生企业在降低成本、提高收益、互惠合作的基础上，如何分配收益就成为合作博弈的一个非常重要的问题，这关系到共生网络的长期性和稳定性，关系到共生网络的成功建设。本章通过对废弃电子产品共生网络架构模型的分析，总结出 Shapley 值利益分配方法，这种基于 Shapley 值法的收益分配方式既不是平均分配，也不同于基于投资成本的比例分配，而是基于废弃电子产品资源化共生网络中各合作成员企业在共生网络经济效益产生过程中的重要程度来进行分配的一种分配方式，相比较而言，该方法具有一定的合理性和优越性。

第七节 废弃电子产品资源化共生网络利益分配机制运行保障措施

废弃电子产品资源化共生网络中存在一定的关系风险和结构风险，因此，废弃电子产品资源化共生网络利益分配机制的建立及正常运作需要各个利益相关者的共同努力。废弃电子产品的回收处理是市场作用的盲区，需要政府介入，而法律的空白使业已存在的废弃电子产品回收处理问题无法解决，因而有必要对该共生网络利益分配机制的运行采取相应的保障措施进行协调和维护。

一 利益分配机制运行的外部保障措施

1. 加强法制建设

目前，国内在废弃电子产品基金管理、各利益主体的经济责任方面并没有形成立法，因此在充分发挥现有相关法律法规作用的基础上，根据我国当前废弃电子产品的特性和废弃电子产品处置产业的发展特征和未来可能发生的状况，制定适合我国废弃电子产品回收处理利益分配的专项法律、法规、政策十分必要，但新制定的政策必须要与现有的废弃电子产品回收处理政策相协调，在现有政策的基础上进行补充和完善，不能与现有政策相背离。

加快立法进程，完善废弃电子产品循环利用政策。根据生产者延伸责任的原理，日本由生产者和消费者分别承担实施责任和经济责任，欧盟则将废弃电子产品的实施责任、经济责任和信息责任均归入生产者，同发达国家相比，我国的工业水平仍存在较大的差距，废弃电子产品的回收和资源化利用水平不高，资源和能源利用率也较低，虽然存在着废弃电子产品的回收活动，但是没有形成严格意义上的废弃电子产品回收体系。因此，我国应该根据具体的国情，针对我国当前比较混乱的废弃电子产品治理现状，制定具有中国特色的废弃电子产品回收处理法律法规，实现规范化治理。只有建立了真正意义的废弃电子产品资源化共生网络，其利益分配机制才能得以切实的实行。

法律法规内容的具体化。废弃电子产品的治理在我国还是一项较为新鲜的事物，牵涉的方面多，相应的法律法规的实施难度大，对法律法规的可行性和可操作性提出了更高的要求。我国在相关领域的法律法规的数量正在不断地增加，但是很多法律法规流于形式，内容空洞，操作性不强。所以仅靠一些政策性的引导是不够的，还要落实到具体的执行规定、标准上。

需加强废弃电子产品处置监管力度。由于废弃电子产品的治理涉及多个方面，包括电子信息、资源回收、废弃物处理等，对废弃电子产品负有责任的部门也涉及资源的综合利用、商务、环境保护、信息产业、工商等多个部门，加上废弃电子产品的产生源广，城市生活垃圾、工业固废中都可能包含废弃电子产品，这都增加了废弃电子产品处置过程中的管理难度。因此，各级政府必须提高对废弃电子产品处置的必要性和重要性的认识，并建立起一个权威的部门，负责各部门工作的组织、协调和监督管理工作。

提高违法成本，降低守法成本。在我国，废弃电子产品治理中的违法成本非常低，不能引起废弃电子产品持有者的足够重视，导致废弃电子产品持有者随意抛弃废弃物，手工作坊在回收有价值的资源后，随意排放其他有毒有害废弃物等。因此，一方面，可以建立严格的监督制度，执行高额的罚款，提高违法成本；另一方面，可以通过在回收处理费用、税收优惠等方面的倾斜政策，采取更为方便、快捷的废弃物回收程序，降低守法成本。执法成本过大加上管理对象的规模庞大，会导致法律法规无法有效实施，甚至完全无法实施。

2. 加强激励和监督

经济政策分为经济约束政策和经济激励政策。经济约束政策通过收取垃圾处理、填埋费（税）等，改变产品的成本结构，引导生产者和消费者的行为，改变废弃物回收处理的责任（王虹、叶逊，2005）。经济激励政策通过税收减免、政府奖励等措施，鼓励生产者和消费者减少和再利用废弃物，奖励对废弃物回收处理做出贡献的相关参与者。

有一部分研究人员认为没有监督机制是利益分配机制不完善的最重要原因，因此，第三方的介入、监督机制的建立对废弃电子产品资源化共生网络利益分配机制的良好运行将起到极为重要的作用。由于废弃电子产品的处理不仅仅是一个经济问题，而且和资源环境有着极为密切的关系，所以政府的驱动也是构建废弃电子产品资源化共生网络的重要力量之一，因此，政府是充当第三方监督的不二人选。政府可以通过宏观调控的手段，协调共生网络中成员企业间的利益均衡，促进利益分配机制的有效运行。

二 利益分配机制运行的内部保障措施

1. 建立执行督查制度

建立废弃电子产品资源化共生网络利益分配督查制度，明确各成员企业的职责，增强全体成员企业对利益分配方案的执行力，政府可以考虑设置检察机构，由各成员企业派代表组成，定期对各成员企业的生产和质量、财务和政务以及对共生网络体系的执行力进行监督、考核，建立环环相扣的责任追究制，对存在投机、敲竹杠行为的企业实施处罚，让执行力弱或有过错者为其行为"买单"。在废弃电子产品资源化共生网络中，建立一个有效的奖惩体系，对成员企业实行绩效考核，是提高各成员企业对共生网络事务执行力的有效途径。绩效考核体系的建设应该围绕废弃电子产品资源化共生网络的整体经营规划而建立，要设计一套关键绩效指标（KPI），既有明确的目标导向，又有对关键业务的考核；既营造一种机会上人人平等的氛围，又体现个体企业与整个共生网络之间的平衡关系，可以最大限度地调动成员企业的积极性，创造更优的效益。相关方要做好相关信息的反馈工作，促进废弃电子产品资源化共生网络的良性运行，保障利益分配机制的公平性。

2. 实现信息共享

建立废弃电子产品资源化共生网络信息协调机制。组建废弃电子产品资源化共生网络信息共享系统，提高共生网络信息化程度，共生网络企业信息共享系统主要包括以下3个层次。①面向合作伙伴的信息系统，实现共生网络内企业与企业之间的电子商务B2B（Business to Business）。②面向内部员工的信息共享系统，使员工共享企业内部研发、生产（产量、库存、订单等）和管理等活动的信息资源，增强员工之间的合作与交流，简化工作流程，让企业内部运作更有效，减低成本，提高收益。③面向消费者的信息共享系统，实现 B2B 和企业与客户之间的电子商务 B2C（Business to Consumer）。

建立信息标准。信息技术推动了人类从工业社会到信息社会的过渡，与信息技术密不可分的信息技术标准化也越来越受人重视，只有通过标准化，才能实现物流信息的交换和共享。物流信息的标准化包括基础标准、业务标准和相关标准等方面。在我国，物流领域的国家标准尚未制定完成，因此，在跟踪国际标准和国外先进标准的同时，要大力推进相关标准的制定，实现物流信息系统的畅通运行。

建立废弃电子产品资源化共生网络运作协调机制。在共生网络成员企业之间进行定期集中交流是为了增强了解，加强合作，而开展集中交流的重要方式是建立供需协作小组。供需协调小组在必要的时候应做一些组织协调工作，这在日本企业中是很常见的。欧美的一些企业也非常重视这种跨企业的协调小组活动。在建立供需协调小组共同解决问题等具有协同运作的工作协调方面，我国企业仍然没有足够重视。

建立有效的废弃电子产品资源化共生网络信息共享机制，使共生网络成员企业之间在一定时期内，通过共享信息，实现风险共担，共同获利的协议关系。这种关系的目的在于增强信息共享，改善相互交流和保持操作协调一致，以产生更大的竞争优势，实现各成员企业的特定目标和利益，从而达到整个共生网络利益最大化的目标。

第八节　本章小结

本章对虚拟共生网络中废弃电子产品逆向物流运营机制进行了相关探讨，介绍了虚拟共生网络利益分配应遵循的原则，明确了政府在虚拟共生网络中的重要意义和作用。

本章构建了基于单一制造商和单一分销商的废弃电子产品回收系统，剖析了废弃产品回收定价策略问题。主要结论如下。

（1）在非合作博弈条件下，存在唯一的以制造商为定价主导的斯塔克博格均衡解。

（2）在合作博弈条件下，制造商与分销商采取联合决策时，系统总利润、废旧产品回收量及分销商回收价格均高于独立决策下的均衡解，从整体来看，合作博弈优于非合作博弈下的均衡解。

（3）由于制造商与分销商存在利益冲突，导致合作博弈均衡解不稳定，故需引入合理的协调机制促进联盟系统的高效运转。

第七章
废弃电子产品资源化共生
网络治理对策建议

废弃电子产品资源化共生网络的建立并非一蹴而就，其运作也并非一帆风顺。废弃电子产品资源化共生网络中存在的关系风险和结构风险对共生网络的安全性构成了巨大的潜在威胁，因而有必要对共生网络中的投机行为进行分析，并采取相应的治理措施进行协调和维护。本章将围绕废弃电子产品资源化共生网络治理的理论基础、共生网络中的投机行为、治理措施及相关对策建议等问题展开研究，以期实现废弃电子产品资源化共生网络健康稳定地运行。

第一节 废弃电子产品资源化共生
网络治理的理论基础

随着知识经济的日益发展，网络经济作为知识经济的一种具体形态，正以极快的速度影响着社会、经济、政治、文化生活等各方面的制度环境。与传统工业经济相比，网络经济具有快捷性、高渗透性、自我膨胀性、边际效益递增、外部经济性、可持续性和直接性等显著特征。面对治理环境的巨大变化，传统的以科层组织理论为基础的治理模式在信息的获取、传输、利用与反馈上往往具有一定的滞后性，势必影响管理决策的制定与实施。

网络组织理论认为，网络组织是处理系统创新事宜所需要的一种新的制度安排，是一种在其成员间建立有强弱不等的各种各样的联系纽带的组织集合。它比市场组织稳定，比层级组织灵活，是一种介于市场组织和企业层级组织之间的新的组织形式。无论是在市场之中还是企业内部，市场机制和组织机制都是共同存在的，也就是说，市场和企业不是相互对立的，而是相互联结、相互渗透的。这种相互联结和相互渗透最终导致了企业间复杂易变的网络结构和多样化的制度安排。

因此，对废弃电子产品资源化共生网络的治理，治理者要以网络组织理论为指导，充分利用网络经济的信息化优势，及时地进行信息的交换、反馈和共享，进而为共生网络中各参与主体提供更多的治理渠道和机会，进行科学合理的治理。

第二节　废弃电子产品资源化共生网络中的投机行为分析

废弃电子产品资源化共生网络中的投机行为主要是指网络内参与企业为了追求自身的利益而采取的"偷懒""搭便车"以及采取投机行为参与网络组织运行的行为。追求利润最大化是企业本质的目标，因此，共生网络中的各成员在追求自身利益的过程中也具有采取投机行为的倾向，会借助不正当的手段谋取自身的利益，按个人目标对信息加以筛选和扭曲，有目的、有策略地利用隐晦信息，并会违背对未来的承诺（Williamson，

1995）。共生网络中的投机行为主要表现在以下三个方面。

第一，由于资产专用性而引发的"敲竹杠"行为。在废弃电子产品资源化共生网络的运作过程中，为了实现产品的交换和信息的交流，处于不同流域的共生企业会投资建立大量的专用型资产，比如废弃电子产品拆解类企业的拆解生产线、深加工企业的各种深加工生产线等。资产一旦被投资，转作他用的代价非常高昂。因此，在合约的签订过程中，机会主义者就可因此而引发"敲竹杠"行为。特别是当一家企业在原材料上依赖于另一家企业时，则占主导地位的企业在谈判和产品交换过程中就具有明显的主动权，从而可能发生"敲竹杠"行为。在废弃电子产品资源化共生网络中，废弃电子产品的拆解、处理、深加工等过程中的交换在很多情况下都是围绕着几家大型核心企业展开的，一旦专用性资产投资完成，小型企业在交换过程中处于被动地位，这样"敲竹杠"就有可能发生了。因此，由于废弃电子产品资源化共生网络中固定资产的专用性，投机企业将采取"敲竹杠"行为，从而影响共生网络正常运作。

第二，市场利益的驱动，共生网络内合作企业出于私利，会擅自改变产品原料的成分及数量，或者突然中断合作。在废弃电子产品资源化共生网络的运作过程中，废弃电子产品是连接企业的主要纽带，按照企业合作之初建立的网络协议安排，上游企业应在某一时间范围内按照下游企业生产的要求稳定地提供一定数量和质量的废弃电子产品相关产品作为下游企业的生产原料，从而保证下游企业生产的稳定性和整个共生网络的正常运转。但随着竞争加剧和市场环境的瞬息万变，上游企业为了节约成本和满足市场的变化，可能会单纯从自身利益出发，违背当初的合作契约，擅自改变原材料的成分和数量，甚至中止产品交换，使下游企业的生产不能得到满足甚至停产。

第三，由于废弃电子产品回收处理属于特殊危险废弃物的资源化循环利用，除了追求利润业本身的企业属性之外，它还是对社会人类发展有益的环保事业。根据我国相关法律法规的规定，政府会给予废弃电子产品回收处理企业一定的资金补贴和相关的税收优惠。因此，在相关的监督方法机制不完善的情况下，废弃电子产品资源化共生网络中的个别企业可能会出现"搭便车"的行为，以此来骗取政府的财政补贴。比如，当上游企业出现经营困难时，企业为了能够继续得到政府的相关优惠补贴，投机企业不但不提前通知下游企业做好选择新的共生伙伴的准备，反而继续宣传其良好健康的经营形象，封锁不良消息，直到其突然关闭，这种行为会给下游企业带来致命的打击，严重时会导致整个共生网络的瘫痪。

总之，废弃电子产品资源化共生网络的稳定发展需要各企业的共同努力，维护共生网络的稳定性和安全性是共生网络成员共同的责任。

第三节　废弃电子产品资源化共生网络治理相关对策建议

依靠契约治理的协调与维护措施对维护废弃电子产品资源化共生网络的安全具有不可替代的作用，但其无法从根本上防范投机行为的发生。除此之外，还需要发挥政府和相关管理部门的协调与管理功能，采取多种措施，增加共生网络的凝聚力，从而增强参与企业自觉维护共生网络整体利益的责任感。

首先，政府应扮演好"引导者"的角色，政府应针对工业共生网络发展的实际情况，制定相应的发展政策，鼓励企业参与网络中的废弃电子产品的回收处理，提高资源的循环利用率，使参与企业充分享受因共生网络而带来的优惠政策。同时，制定相关制度，规范共生企业的行为，强化共同网络的组织文化等，增强共生网络内企业的凝聚力。在此基础上，政府还应制定优惠的招商政策，进一步完善政府服务功能，为共生网络创造良好的运营环境，吸引更多的企业加入到共生网络中，增加共生网络各环节的冗余度，使各个节点企业具有了更多选择合作伙伴的机会，这会在无形之中增加企业参与合作的竞争程度，对企业投机行为的产生具有显著的"威慑"作用。政府还可以进一步增强共生链条的连续性和共生网络抵抗干扰能力，使共生关系更加稳固，从而实现共生网络的安全和可持续发展。

其次，政府应充分发挥"协调者"的功能，积极协调共生网络内企业间的各种矛盾和冲突。政府在共生网络的构建与运作、协调与维护等方面具有独立性、权威性和公正性，有利于维护诚实守信企业的利益，提高了企业参与共生网络治理的积极性。因此，当合作企业之间关系影响到共生网络安全运作时，"政府协调人"的参与可以降低企业因微小摩擦就中断合作关系的可能性，从而避免更多损失的发生。在某些特殊情况下，政府可以根据实际情况发挥职能，以维持共生网络的稳定与安全，这是其他"协调人"无法做到的。总之，政府作为"协调者"参与共生网络的协调治理，更加保障了共生网络的安全，提高了企业参与共生网络的信心和积极性。

最后，政府应担当好网络"维护者"的角色，政府坚强有力的维护是共生网络平稳有效地运行的重要保障。在废弃电子产品资源化共生网络的治理中，政府应对共生网络的发展方向进行规划，制定明确的总体发展思路和规划方案，对共生网络成员进行培训和教育，促进组织学习。除此之外，政府还需建立共生网络企业的信用与惩罚机制，以监控网络中大量的核心关键企业及与其他企业的关系，同时还应根据共生网络的实际运作情况，及时调整发展计划和制定改进方案等，进行积极维护与管理。

总之，发挥政府在废弃电子产品资源化共生网络发展中引导、协调与维护的管理功能，是共生网络安全运作的重要保障，对于弥补共生网络自身契约治理的不足，增强企业自我约束的能力，保障共生网络的稳定性具有非常重要的作用。

第八章
研究结论与展望

第一节　结论

本书研究范畴与我国社会经济发展的实际问题结合紧密。从总体上看，本书主要开展了以下几方面的研究工作。

（1）基于生态产业链和价值链方法，在对废弃电子产品资源化的必要性和可行性分析的基础上，分析了废弃电子产品共生产业链的设计和共生模式，结合国内外先进的处理经验和模式，依据我国废弃电子产品回收处理现状，提出了适合我国国情的三种共生网络构建模式，保证了共生网络的合理性和科学性。

（2）从成本、效益、环境取向和网络自身特性等角度对废弃电子产品资源化共生网络的生成机理进行分析。在此基础上，结合国际生态工业园发展的实际情况，提出了三种废弃电子产品资源化共生网络的运作模式。

（3）从废弃电子产品资源化共生网络的生成机理、构建模式、运作模式、网络稳定性、运营风险等方面入手，分析了研究废弃电子产品资源化共生网络整体的结构治理及成员企业间的关系治理问题，保证废弃电子产品资源化共生网络构建和运作研究的合理性和先进性。

（4）本书结合实际对废弃电子产品资源化共生网络内的资源循环和管理，以及网络运作过程中存在的关系风险和结构风险进行了分析，提出了废弃电子产品资源化共生网络治理的相关对策，更科学地指导网络的构建和发展，保证政策建议的可实施性。

（5）有效的逆向物流管理能够在减少企业乃至整个供应链的运营成本、增加利润，并在社会资源有效利用等方面有着不可忽视的作用，对废旧电子产品逆向物流运营模式的研究有着重要的意义与价值。合理的、柔性的废旧电子产品逆向物流共生网络能够为企业的决策过程提供有效的支持。通过建立废旧电子产品的资源化共生网络，资源能够得到有效利用，并且在缓解我国资源紧缺的困境的过程中保护了生态环境。基于虚拟共生网络的废旧电子产品逆向物流运营模式使企业对信息、客户意见等做出迅速反应，可以促进渠道流程优化，从而带来竞争优势，降低企业经营风险。在废旧电子产品回收利用过程中引入虚拟共生网络的运营模式可以更好地解决废旧电子产品资源化过程中存在的具有环境效益、社会效益而缺乏经济效益的困境。

第二节　展望

我国政府十分重视环境保护，在相关部门和专家的大力宣传下，人们对废弃电子产品的环境污染有了明确认识，环保意识明显提高。我国大部分居民对废弃电子产品的危害性是了解的，对废弃电子产品的回收和处理持积极的支持态度，居民和政府环保意识的提高为废弃电子产品资源化共生网络的建立提供了必要的外部环境。废弃电子产品的回收和资源化循环再利用是一项利国利民的工作，在我国具有广阔的市场前景。随着相关法律法规的不断完善和实施，在不久的将来，废弃电子产品资源化利用的产业化道路必将更加广阔，为我国循环经济和可持续发展做出更多的贡献。总之，废弃电子产品资源化共生网络是一个不断发展的研究领域，目前存在的问题为今后的研究指明了方向，随着国内外学者对该领域研究的不断深入，这一领域将会逐渐得到丰富和完善。

由于虚拟共生网络形成和运营过程中的复杂性，在以下方面仍需进一步研究。首先，逆向物流中废旧电子产品的收集和处理。随着产品回收形式增多，回收产品数量、来源的不确定性等问题也随之增加。废旧电子产品的逆向物流过程将变得更为复杂。为了尽可能地最大化废旧电子产品价值增值，如何确定回收主体、如何规划逆向物流处理过程及如何使之与正向物流集成等问题仍需进一步研究。其次，在虚拟共生网络的柔性化研究方面，环境不确定性与柔性之间的匹配关系是虚拟共生网络有效运营的一个关键问题。环境不确定性需要虚拟共生网络具有快速有效的响应市场的柔性能力，但目前该方面的研究较少，有待进一步深入。再次，虚拟共生网络中的成员企业通过在信息平台上发布和获取信息，能够实现异地的交流和交易，但信息的安全性仍然成为一种隐患。如何确保成员企业在充分介绍本企业的规模、技术、资源的前提下，避免其信息被其他企业恶意利用，仍是信息平台构建的关键问题。最后，虚拟共生网络的有效运营需要企业、政府、社会等各方面的重视和参与，如果没有这些支持与合作，此种运营模式的发展就无从谈起。因此，社会各界的重视、转变消费者对再生资源产品的误解和偏见成为虚拟共生网络运营的一个观念障碍。

参 考 文 献

[1] 蔡小军、李双杰:《生态工业园共生产业链的形成机理及其稳定性研究》,《软科学》2006 年第 3 期。

[2] 蔡晓明:《生态系统生态学》,科学出版社,2000。

[3] 丁尚、张增荣:《汽车供应链利益分配中带风险修正因子的 Shapley 模型》,《公路与汽运》2008 年第 1 期。

[4] 董博、夏训峰:《两种工业共生组织模式的比较研究》,《环境保护科学》2007 年第 1 期。

[5] 葛新权等:《有毒有害物质分析与预警信息系统的设计与实现》,《计算机应用研究》2007 年第 12 期。

[6] 金涌、李有润、冯久田:《生态工业:原理与应用》,清华大学出版社,2003。

[7] 金志英、梁文、隋儒楠:《沈阳市电子废物产生量估算及管理对策》,《环境卫生工程》2006 年第 1 期。

[8] J. 凯瑞高斯·福罗特·尼托、G. 沃斯:《德国关于电子电气设备的闭环供应链研究:一种生态效益计算方法》,《北京交通大学学报》(社会科学版) 2007 年第 2 期。

[9] 赖静:《德国 WEEE 回收处理体系和资源再利用技术》,《电机电器技术》2004 年第 5 期。

［10］ 李博洋：《综述：废弃电器电子产品处理应政策与市场并重》，《中国电子报》2010 年第 6 期，http：//epaper.cena.com.cn/shtml/zgdzb/20100618/27033.shtml。

［11］ 李宏煦、苍大强、白皓等：《城市电子废物的资源循环及回收方法探究》，《再生资源与循环经济》2009 年第 4 期。

［12］ 李强、汤俊芳、钟书华：《生态工业园的微观经济价值分析》，《经济问题探索》2006 年第 8 期。

［13］ 刘冰、梅光军：《在废弃电子产品管理中生产者责任延伸制度探讨》，《中国人口·资源与环境》2006 年第 2 期。

［14］ 刘博洋：《废旧电子材料回收利用现状及发展展望》，《再生资源研究》2007 年第 2 期。

［15］ 刘平、彭晓春等：《国外废弃电子产品资源化概述》，《再生资源与循环经济》2010 年第 2 期。

［16］ 刘铁柱：《废旧电子电器产品回收处理体系研究》，天津理工大学硕士学位论文，2006。

［17］ 刘小丽、杨建新、王如松：《中国主要电子废物产生量估算》，《中国人口·资源与环境》2005 年第 5 期。

［18］ 刘昕光：《废弃电子产品资源化及处理技术》，《中国石油大学胜利学院学报》2008 年第 3 期。

［19］ 刘妍、魏哲：《企业应对欧盟 RoHS 指令和中国〈电子信息产品污染控制管理办法〉的解决方案》，《信息技术与标准化》2007 年第 1 期。

［20］ 刘志峰、王淑旺：《基于模糊物元的绿色产品评价方法》，《中国机械工程》2007 年第 1 期。

［21］ 罗哲：《基于集群和共生网络视角下的甘肃省中小企业发展支持体系的构建》，《兰州学刊》2006 年第 12 期。

[22] 钱书法、李辉:《企业共生模式演进及其原因分析》,《经济管理》2006 年第 14 期。

[23] RoHS 专题:《"中国 RoHS"加速本土电子产业绿色化进程》,《电子产品世界》2006 年第 11 期。

[24] 宋丹萍、徐金球:《废弃电子产品的处理技术和管理现状》,《上海第二工业大学学报》2008 年第 2 期。

[25] 宋旭、周世俊:《基于专家"估计"模型的河南省废弃电子产品量化分析》,《河南科学》2007 年第 3 期。

[26] 孙颖:《废弃电子电气设备(WEEE)资源化产业发展策略研究》,北京化工大学硕士学位论文,2006。

[27] Stevels A:《荷兰电子消费品的回收和循环利用》,《家电科技》2005 年第 7 期。

[28] 王虹、叶逊:《生态工业园中企业的动力机制分析》,《环境保护》2005 年第 7 期。

[29] 王灵梅:《火电厂生态工业园研究——以朔州火电厂生态工业园为例》,山西大学博士学位论文,2004。

[30] 王一宁:《电子废弃物回收网络体系的研究》,东华大学硕士学位论文,2007。

[31] 王勇等:《电子垃圾污染的防治对策》,《电子产品可靠性与环境试验》2006 年第 6 期。

[32] 王兆华:《生态工业园工业共生网络研究》,大连理工大学博士学位论文,2002。

[33] 王兆华、武春友等:《生态工业园中两种工业共生模式比较研究》,《软科学》2002 年第 2 期。

[34] 王兆华、武春友:《基于交易费用理论的生态工业园中企业共生机理研究》,《科学学与科学技术管理》2002 年第 8 期。

［35］ 王兆华、尹建华：《生态工业园中工业共生网络运作模式研究》，《中国软科学》2005 年第 2 期。

［36］ 吴志军：《生态工业园工业共生网络治理研究》，《当代财经》2006 年第 9 期。

［37］ 夏世德、王杰红、谢刚等：《电子废弃物资源化技术研究》，《中山大学学报》（自然科学版）2009 年第 z2 期。

［38］ 夏云兰等：《我国电子类产品逆向物流的模式及其选择研究》，《物流技术》2007 年第 8 期。

［39］ 徐立中、秦荪涛：《基于价值链的生态产业共生系统稳定性对策研究》，《财经论丛》2007 年第 2 期。

［40］ 徐振发：《电子废弃物处理系统生态绩效评价研究》，大连理工大学硕士学位论文，2006。

［41］ 严维红、孙燕、张琰：《基于多 Agent 的逆向物流信息系统的研究》，《物流科技》2006 年第 10 期。

［42］ 袁增伟：《生态产业共生网络形成机理及其系统解析框架》，《生态学报》2007 年第 8 期。

［43］ 张健、徐峰等：《WEEE 资源化共生网络收益分析》，《生态经济》2009 年第 7 期。

［44］ 张景波：《国外废旧电子信息产品污染防治状况简介》，《标准化研究》2004 年第 8 期。

［45］ 张科静、魏珊珊：《国外废弃电子产品再生资源化运作体系及对我国的启示》，《中国人口·资源与环境》2009 年第 2 期。

［46］ 张默、石磊：《我国彩色电视机废弃量预测模型对比》，《环境与可持续发展》2007 年第 5 期。

［47］ 张伟刚、吴丰顺等：《国外废弃电子产品的回收利用技

术》,《中国环保产业》2006 年第 6 期。

[48] 郑良楷等:《电子垃圾拆解区儿童铅污染现状调查》,《汕头大学医学院学报》2006 年第 4 期。

[49] Ahluwalia P. K. Nema A. K. , "A Life Cycle Based Multi – objective Optimization Model for the Management of Computer Waste", *Resources*, *Conservation and Recycling*, 2007, 51 (4), pp. 792 – 826.

[50] Aras N. , Aksen D. , "Locating Collection Centers for Distance – and Incentive – Dependent Returns", *Int. J. Production Economics*, 2008, 112 (2), pp. 316 – 333.

[51] Barba – Gutiérre Y. , Adenso – Díaz B. , Hopp M. , "An Analysis of Some Environmental Consequences of European Electrical and Electronic Waste Regulation", *Resources*, *Conservation and Recycling*, 2008, 52 (3), pp. 481 – 495.

[52] Bartolomeo M. , et al. , "Eco – efficient Producer Services— What are They, How do They Benefit Customers and the Environment and How Likely are They to Develop and be Extensively Utilised", *Journal of Cleaner Production*, 2003, 11 (8), pp. 829 – 837.

[53] Cote R. , Smolenaars T. , "Supporting Pillars for Industrial Ecosystem", *Journal of Cleaner Production*, 1997, 5 (1 – 2), pp. 67 – 74.

[54] Engberg H. , *Industrial Symbiosis in Denmark*, New York: New York University, Stem School of Business Press, 1993, pp. 25 – 26.

[55] Hicks C. , Dietmar R. , Eugster M. , "The Recycling and

Disposal of Electrical and Electronic Waste in China: Legislative and Market Responses", *Environmental Impact Assessment Review*, 2005, 25 (5), pp. 459 – 471.

[56] Jayaraman V. , Patterson A. , Rolland E. , "The Design of Reverse Distribution Networks: Models and Solution Procedures", *European Journal of Operational Research*, 2003, 150 (1), pp. 128 – 149.

[57] Kang H. Y. , Schoenung J. M. , "Estimation of Future Outflows and Infrastructure Needed to Recycle Personal Computer Systems in California", *Journal of Hazardous Materials*, 2006, 137 (2), pp. 1165 – 1174.

[58] Lambert B. F. , "Eco – industrial Parks: Stimulating Sustainable Development in Mixed Industrial Parks", *Technovation*, 2002, 22, pp. 471 – 484.

[59] Lu Z. Q. , Bostel N. , "A Facility Location Model for Logistics Systems Including Reverse Flows: The Case of Remanufacturing Activities", *Computers and Operations Research*, 2007, 34 (2), pp. 299 – 323.

[60] Lyons D. I. , "A Spatial Analysis of Loop Closing among Recycling, Remanufacturing, and Waste Treatment Firms in Texas", *Journal of Industrial Ecology*, 2007, 11 (1), pp. 43 – 54.

[61] Mirata M. , Emtairah T. , "Industrial Symbiosis Net – works and the Contribution to Environmental Innovation: The Case of the Landskrona Industrial Symbiosis Programme", *Journal of Cleaner Production*, 2005, 13, pp. 993 – 1002.

[62] Nagurney A. , Toyasaki F. , "Reverse Supply Chain Management and Electronic Waste Recycling: A Multitiered Network Equilibrium Framework of E - cycling", *Transportation Research Part E: Logistics and Transportation Review*, 2005, 41 (1), pp. 1 -28.

[63] Sinha - Khetriwal D. , Philipp Kraeuchi P. , "A Comparison of Electronic Waste Recycling in Switzerland and in India", *Environmental Impact Assessment Review*, 2005, 25 (5), pp. 492 -504.

[64] Stevels A. L. N. , Ram A. A. P. , "Take - back of Discarded Consumer Electronic Products from Perspective of the Producer Conditions for Success", *Journal of Cleaner Production*, 1999, 7 (5), pp. 383 -389.

[65] Williamson O. E. , Scott E. M. , *Transaction Cost Economics*. Aldershot, Eng. Edward Elgar, 1995, pp. 213 -216.

[66] Zoeteman B. C. J. , Krikke H. R. , Venselaar J. , "Handling WEEE Waste Flows", *Int. J. of Adv. Manuf. Techno.* , 2010, 47, pp. 415 -436.

图书在版编目（CIP）数据

废弃电子产品资源化共生网络的理论与应用 / 葛新权，
刘宇，曲立著 . —北京：社会科学文献出版社，2013.6
（前沿管理论丛）
ISBN 978 - 7 - 5097 - 4393 - 5

Ⅰ . ①废… Ⅱ . ①葛… ②刘… ③曲… Ⅲ . ①电子
产品 - 废物管理 - 资源经济学 - 研究 - 中国 Ⅳ . ①X76

中国版本图书馆 CIP 数据核字 （2013） 第 050396 号

· 前沿管理论丛 ·

废弃电子产品资源化共生网络的理论与应用

著　　者 / 葛新权　刘　宇　曲　立

出 版 人 / 谢寿光
出 版 者 / 社会科学文献出版社
地　　址 / 北京市西城区北三环中路甲 29 号院 3 号楼华龙大厦
邮政编码 / 100029

责任部门 / 经济与管理出版中心 （010） 59367226　　责任编辑 / 冯咏梅　王　沛
电子信箱 / caijingbu@ ssap. cn　　　　　　　　　　责任校对 / 李向荣
项目统筹 / 恽　薇　冯咏梅　　　　　　　　　　　　责任印制 / 岳　阳
经　　销 / 社会科学文献出版社市场营销中心 （010） 59367081　59367089
读者服务 / 读者服务中心 （010） 59367028

印　　装 / 北京季蜂印刷有限公司
开　　本 / 889mm × 1194mm　1/32　　　　　　　印　张 / 6.25
版　　次 / 2013 年 6 月第 1 版　　　　　　　　　字　数 / 142 千字
印　　次 / 2013 年 6 月第 1 次印刷
书　　号 / ISBN 978 - 7 - 5097 - 4393 - 5
定　　价 / 39.00 元